定期テスト

中2数学

Gakken

はじめに

中学生のみなさんにとって，年に数回実施される「定期テスト」は，重要な試験ですよね。定期テストの結果は，高校入試にも関係してくるため，多くの人が定期テストで高得点をとることを目指していると思います。

テストでは，さまざまなタイプの問題が出題されますが，その1つに，しっかり覚えて得点につなげるタイプの問題があります。そのようなタイプの問題には，学校の授業の内容から，テストで問われやすい部分と，そうではない部分を整理して頭の中に入れて対策したいところですが，授業を受けながら考えるのは難しいですよね。また，定期テスト前は，多数の教科の勉強をしなければならないので，各教科のテスト勉強の時間は限られてきます。

そこで，短時間で効率的に「テストに出る要点や内容」をつかむために最適な，ポケットサイズの参考書を作りました。この本は，学習内容を整理して理解しながら，覚えるべきポイントを確実に覚えられるように工夫されています。また，付属の赤フィルターがみなさんの暗記と確認をサポートします。

表紙のお守りモチーフには，毎日忙しい中学生のみなさんにお守りのように携えてもらうことで，いつでもどこでも学習をサポートしたい！ という思いを込めています。この本を活用したあなたの努力が成就することを願っています。

出るナビ編集チーム一同

出るナビシリーズの特長

定期テストに出る要点が
ギュッとつまったポケット参考書

　項目ごとの見開き構成で，テストに出る要点や内容をしっかりおさえています。コンパクトサイズなので，テスト期間中の限られた時間での学習や，テスト直前の最終チェックまで，いつでもどこでもテスト勉強ができる，頼れる参考書です。

見やすい紙面と赤フィルターで
いつでもどこでも要点チェック

　シンプルですっきりした紙面で，要点がしっかりつかめます。また，最重要の用語やポイントは，赤フィルターで隠せる仕組みになっているので，手軽に要点が身についているかを確認できます。

こんなときに
出るナビが使える！

持ち運んで，好きなタイミングで勉強しよう！　出るナビは，いつでも頼れるあなたの勉強のお守りです！

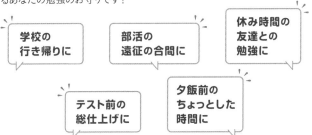

この本の使い方

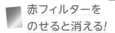
赤フィルターを
のせると消える!

最重要用語や要点は, 赤
フィルターで隠して確認で
きます。確実に覚えられた
かを確かめよう!

本文をより理解するため
のプラスアルファの解説
で, 得点アップをサポート
します。

ミス注意
テストでまちがえやすい内容
を解説。

くわしく
本文の内容をより詳しく解説。

参考
知っておくと役立つ情報など。

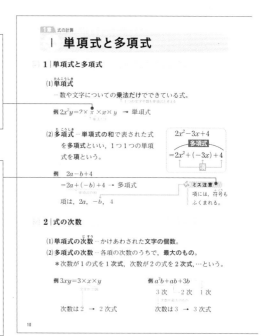

第1章 式の計算

Ⅰ 単項式と多項式

1│単項式と多項式

(1) **単項式**
一数や文字についての乗法だけでできている式。

例 $2x^2y=2×x×x×y$ → 単項式

(2) **多項式**─単項式の和で表された式
を多項式といい, 1つ1つの単項
式を項という。

$2x^2-3x+4$
多項式
$=2x^2+(-3x)+4$

例 $2a-b+4$
$=2a+(-b)+4$ → 多項式
項は, $2a$, $-b$, 4

ミス注意
項には, 符号も
ふくまれる。

2│式の次数

(1) 単項式の次数─かけあわされた文字の個数。
(2) 多項式の次数─各項の次数のうちで, 最大のもの。
  *次数が1の式を1次式, 次数が2の式を2次式, …という。

例 $3xy=3×x×y$

次数は2 → 2次式

例 $a^2b+ab+3b$
3次 2次 1次

次数は3 → 3次式

10

中2数学の特長

◎ テストによく出る公式・定理を簡潔にまとめてあります。
◎ 「テストの例題チェック」では, 問題の解き方が効率よく
  身につけられ, 得点アップをサポートします!

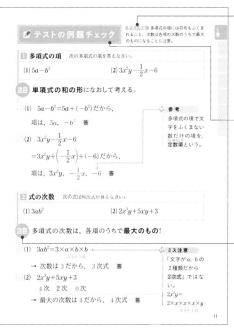

テストの例題チェック

> **こたえ注意** 多項式の項には符号もふくまれること、次数は各項の次数のうちで最大のものになることに注意。

1 多項式の項 次の多項式の項を答えなさい。

(1) $5a-b^2$

(2) $3x^2y-\dfrac{1}{2}x-6$

注目 単項式の和の形になおして考える。

(1) $5a-b^2=5a+(-b^2)$ だから、

項は、$5a,\ -b^2$ **答**

参考
多項式の項で文字をふくまない数だけの項を、定数項という。

(2) $3x^2y-\dfrac{1}{2}x-6$

$=3x^2y+\left(-\dfrac{1}{2}x\right)+(-6)$ だから、

項は、$3x^2y,\ -\dfrac{1}{2}x,\ -6$ **答**

2 式の次数 次の式は何次式か答えなさい。

(1) $3ab^2$

(2) $2x^2y+5xy+3$

注目 多項式の次数は、各項のうちで**最大のもの**!

(1) $3ab^2=3\times a\times b\times b$ （文字3個）

→ 次数は 3 だから、3次式 **答**

ミス注意
「文字が $a,\ b$ の2種類だから2次式」ではない。
$2x^3y=$
$2\times x\times x\times x\times y$

(2) $2x^2y+5xy+3$

4次　2次　0次

→ 最大の次数は 4 だから、4次式 **答**

11

テストでは
テストで問われやすい内容や、その対策などについてアドバイスしています。

テストの例題チェック
テストで問われやすい内容を、問題形式で確かめられます。

注目 問題を解くためのポイントが簡潔にまとまっており、ひと目で確認・インプットできます。

テスト直前
最終チェック！で
テスト直前もバッチリ！

テスト直前の短時間でもパッと見て
要点をおさえられるまとめページもあります。

もくじ

が暗記アプリでも使える！

ページ画像データをダウンロードして，
スマホでも「定期テスト出るナビ」を使ってみよう！

|||||||||| **暗記アプリ紹介＆ダウンロード 特設サイト** ||||||||||

　スマホなどで赤フィルター機能が使える便利なアプリを紹介します。下記のURL，または右の二次元コードからサイトにアクセスしよう。自分の気に入ったアプリをダウンロードしてみよう！

Webサイト https://gakken-ep.jp/extra/derunavi_appli/

　「ダウンロードはこちら」にアクセスすると，上記のサイトで紹介した赤フィルターアプリで使える，この本のページ画像データがダウンロードできます。使用するアプリに合わせて必要なファイル形式のデータをダウンロードしよう。

※データのダウンロードにはGakkenIDへの登録が必要です。

ページデータダウンロードの手順

① アプリ紹介ページの「ページデータダウンロードはこちら」にアクセス。

② Gakken IDに登録しよう。

③ 登録が完了したら，この本のダウンロードページに進んで，
　下記の『書籍識別ID』と『ダウンロード用PASS』を入力しよう。

④ 認証されたら，自分の使用したいファイル形式のデータを選ぼう！

書籍識別 ID testderu_c2m

ダウンロード用 PASS d2XgBHmG

〈注　意〉
◎ダウンロードしたデータは，アプリでの使用のみに限ります。第三者への流布，公衆への送信は著作権法上，禁じられています。◎アプリの操作についてのお問い合わせは，各アプリの運営会社へお願いいたします。◎お客様のインターネット環境および携帯端末によりアプリをご利用できない場合や，データをダウンロードできない場合，当社は責任を負いかねます。ご理解，ご了承いただきますよう，お願いいたします。◎サイトアクセス・ダウンロード時の通信料はお客様のご負担になります。

Ⅰ 単項式と多項式

1│単項式と多項式

(1) **単項式**
… 数や文字についての**乗法だけ**でできている式。
└ 1つの文字や数も単項式と考える

例 $2x^2y = 2 \times x \times x \times y$ → 単項式
└乗法だけ

(2) **多項式** … **単項式の和**で表された式
を**多項式**といい，1つ1つの単項
式を**項**という。

$$2x^2 - 3x + 4$$
多項式
$$= 2x^2 + (-3x) + 4$$
項

例 $2a - b + 4$
$= 2a + (-b) + 4$ → 多項式
└単項式の和

項は，$2a$，$-b$，4

> **ミス注意**
> 項には，符号も
> ふくまれる。

2│式の次数

(1) **単項式の次数** … かけあわされた**文字の個数**。

(2) **多項式の次数** … 各項の次数のうちで，**最大のもの**。

＊次数が1の式を**1次式**，次数が2の式を**2次式**，…という。

例 $3xy = 3 \times x \times y$
文字が2個

次数は2 → **2次式**

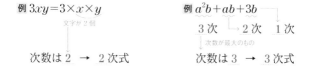

例 $a^2b + ab + 3b$
3次　2次　1次
次数が最大のもの

次数は3 → **3次式**

✏ テストの例題チェック

1 多項式の項　次の多項式の項を答えなさい。

(1) $5a - b^2$

(2) $3x^2y - \dfrac{1}{2}x - 6$

注目 **単項式の和の形**になおして考える。

☑ (1)　$5a - b^2 = 5a + (-b^2)$ だから，

　　項は，$5a$，$-b^2$ …答

> **参考**
>
> 多項式の項で文字をふくまない数だけの項を，**定数項**という。

☑ (2)　$3x^2y - \dfrac{1}{2}x - 6$

　　$= 3x^2y + \left(-\dfrac{1}{2}x\right) + (-6)$ だから，

　　項は，$3x^2y$，$-\dfrac{1}{2}x$，-6 …答

2 式の次数　次の式は何次式か答えなさい。

(1) $3ab^2$

(2) $2x^3y + 5xy + 3$

注目 多項式の次数は，各項のうちで**最大のもの！**

☑ (1)　$3ab^2 = 3 \times a \times b \times b$
　　　　　　　　　　<u>文字が 3 個</u>

　　→ 次数は 3 だから，**3 次式** …答

☑ (2)　$2x^3y + 5xy + 3$
　　　　$\underline{4 次}$　$\underline{2 次}$　$\underline{0 次}$

　　→ 最大の次数は 4 だから，**4 次式** …答

> **ミス注意**
>
> 「文字が a，b の2種類だから2次式」ではない。
>
> $2x^3y =$
> $2 \times x \times x \times x \times y$
> <u>文字が 4 個</u>

2 多項式の加減

☑ 1│同類項をまとめる

(1)**同類項** … 文字の部分がまったく同じ項。

(2)**同類項のまとめ方** … 係数どうしをまとめて，共通の文字をつける。

例 $7x-5y-3x+4y$ ┐ 同類項を
集める
$=7x-3x-5y+4y$ ◄ 係数どうし
をまとめる
$=(7-3)x+(-5+4)y$
$=4x-y$

$$m\,x+n\,x$$
分配法則
$$=(m+n)\,x$$

☑ 2│多項式の加減

(1)**加法** … ＋（　　）はそのまま（　　）をはずし，同類項をまとめる。

(2)**減法** … －（　　）は，（　　）の中の各項の符号を変えて（　　）をはずし，同類項をまとめる。

例 $(x+y)-(3x-2y)$ ➡

符号を変えて
（ ）をはずす

$=x+y-3x+2y$
$=x-3x+y+2y$
$=-2x+3y$

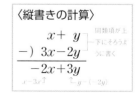

〈縦書きの計算〉

$$\begin{array}{r} x+\ y \\ -)\ \ 3x-2y \\ \hline -2x+3y \end{array}$$

同類項が上下にそろうように書く

$x-3x↑$　↑$y-(-2y)$

✎ テストの例題チェック

テストでは 多項式の加減は必出。文字の種類が同じでも，次数のちがう項どうしは同類項ではないことに注意。

1 同類項をまとめる　次の計算をしなさい。

$$4x^2-3x+5x-6x^2$$

注目 **同類項を集めて，係数どうしを計算！**

$$4x^2-3x+5x-6x^2$$
$$=4x^2-6x^2-3x+5x$$
$\underbrace{}_{\text{同類項}}\quad\underbrace{}_{\text{同類項}}$
$$=(4-6)x^2+(-3+5)x$$
$$=-2x^2+2x \cdots 答$$

◆ ミス注意

x^2 と x は同類項ではない！

2 多項式の加減　次の計算をしなさい。

(1) $(3a-b)+(4a-5b)$　　　　(2) $(3x^2-x)-(9x^2-x)$

注目 **−( )は，( )の中の各項の符号を変えてはずす！**

(1)　$(3a-b)+(4a-5b)$
$$=3a-b+4a-5b$$
　　+( )はそのまま ( )をはずす
$$=3a+4a-b-5b$$
$$=7a-6b \cdots 答$$

縦書きの計算
$$\begin{array}{r} 3a-\ b \\ +)\ 4a-5b \\ \hline 7a-6b \end{array}$$

(2)　$(3x^2-x)-(9x^2-x)$
$$=3x^2-x-9x^2+x$$
　　−( )は各項の符号を変えて( )をはずす
$$=3x^2-9x^2-x+x$$
　　　　　　　　　　0
$$=-6x^2 \cdots 答$$

縦書きの計算
$$\begin{array}{r} 3x^2-x \\ -)\ 9x^2-x \\ \hline -6x^2 \end{array}$$

3 数と多項式の乗除

☑ 1 数と多項式の乗法

(1) （数）×（多項式）… 分配法則を使って，数を（　　）内のすべての項にかける。

分配法則 $a(b+c) = ab + ac$

例 $2(3x - 4y) = 2 \times 3x + 2 \times (-4y)$
$$= 6x - 8y$$

☑ 2 多項式と数の除法

(1) （多項式）÷（数）… わる数の逆数をかける形になおすか，分数の形になおして計算。

逆数
かけて1になる数どうし
逆数
$5 \Longleftrightarrow \dfrac{1}{5}$

例 $(4x - 6y) \div 2$

$= (4x - 6y) \times \dfrac{1}{2}$ 　逆数をかける

$= 4x \times \dfrac{1}{2} - 6y \times \dfrac{1}{2}$

$= 2x - 3y$

［別解］

$(4x - 6y) \div 2$

$= \dfrac{4x - 6y}{2}$ 　分数の形になおす

$= \dfrac{4x}{2} - \dfrac{6y}{2}$

$= 2x - 3y$

✐ テストの例題チェック

テストでは 数と多項式の乗除はよくねらわれる。( )をはずすときは，かけ忘れと符号に注意しよう。

---

1 数と多項式の乗法 次の計算をしなさい。

(1) $3(5x^2-6x-4)$ 　　　　(2) $-7(-3a+b)$

注目 数を( )内の**すべての項にかける**！

☑(1) $3(5x^2-6x-4)$

$= 3 \times 5x^2 + 3 \times (-6x) + 3 \times (-4)$

$=15x^2-18x-12 \cdots$ 答

> **ミス注意**
> かけ忘れに
> 注意！

☑(2) $-7(-3a+b)$

$=(-7)\times(-3a)+(-7)\times b$

$=21a-7b \cdots$ 答

> **ミス注意**
> $7\times b$とミスしや
> すい。

---

2 多項式と数の除法 次の計算をしなさい。

$(9x-3y+15)\div(-3)$

注目 わる数の**逆数**を( )内の**すべての項にかける**！

☑ $(9x-3y+15)\div(-3)$

$=(9x-3y+15)\times\left(-\dfrac{1}{3}\right)$

逆数をかける

> -3の逆数は，
> $-\dfrac{1}{3}$

$=9x\times\left(-\dfrac{1}{3}\right)+(-3y)\times\left(-\dfrac{1}{3}\right)+15\times\left(-\dfrac{1}{3}\right)$

$=-3x+y-5 \cdots$ 答

4 いろいろな計算

☑ 1 | いろいろな計算

(1) (数)×(多項式) の加減 … 次の順に計算。

①分配法則を使って( )をはずす。

②同類項をまとめる。

例 $2(x+2y)+3(4x-2y)$　それぞれの( )をはずす

$=2×x+2×2y+3×4x+3×(-2y)$

$=2x+4y+12x-6y$

$=2x+12x+4y-6y$　同類項をまとめる

$=14x-2y$

(2) 分数の形の式の加減 … 次の順に計算。

①通分して1つの分数にまとめる。

②分子の同類項をまとめる。

例 $\dfrac{2a+b}{6}+\dfrac{a-2b}{2}=\dfrac{2a+b}{6}+\dfrac{3\,(a-2b)}{6}$ ←通分する （( )をつける）

$=\dfrac{2a+b+3\,(a-2b)}{6}$ ←1つの分数にまとめる

↓( )をはずす

$=\dfrac{2a+b+3a-6b}{6}=\dfrac{2a+3a+b-6b}{6}$

$=\dfrac{5a-5b}{6}$ ← $\frac{5}{6}a$ $\frac{5}{6}b$ でも正解

✎ テストの例題チェック

1 （数）×（多項式）の加減　次の計算をしなさい。

$$5(x-2y)-3(x-3y+2)$$

注目 （　）をはずしてから，**同類項をまとめる！**

$$5(x-2y)-3(x-3y+2)$$ ──── （　）をはずす。
$$=5x-10y-3x+9y-6$$ ────
$$=5x-3x-10y+9y-6$$ ──── 同類項をまとめる。
$$=2x-y-6 \cdots 答$$ ────

2 分数の形の式の加減　次の計算をしなさい。

$$\frac{3a-2b}{5}-\frac{2a-3b}{3}$$

注目 **通分**してから，**分子の同類項をまとめる！**

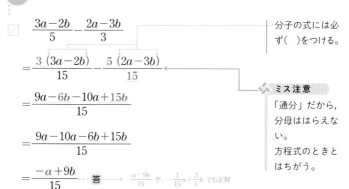

$$\frac{3a-2b}{5}-\frac{2a-3b}{3}$$ ──── 分子の式には必ず（　）をつける。

$$=\frac{3\,(3a-2b)}{15}-\frac{5\,(2a-3b)}{15}$$ ────

ミス注意

「通分」だから，分母ははらえない。方程式のときとはちがう。

$$=\frac{9a-6b-10a+15b}{15}$$

$$=\frac{9a-10a-6b+15b}{15}$$

$$=\frac{-a+9b}{15} \cdots 答 \longrightarrow \frac{a-9b}{15}\ や，-\frac{1}{15}a+\frac{3}{5}b\ でも正解$$

5 単項式の乗除

☑ 1│単項式の乗除

(1)**単項式の乗法**… 係数どうしの積に
文字どうしの積をかける。
同じ文字の積は，**累乗の指数**を
使って表す。

例 $5xy \times 3y = 5 \times 3 \times x \times y \times y$
$= 15\,xy^2$
↑累乗の指数で表す→//

例 $(2a)^2 = 2a \times 2a = 2 \times 2 \times a \times a = 4a^2$

(2)**単項式の除法**… **分数の形になおす**か，**逆数をかける形**に
して，**係数どうし，文字どうしを約分する**。

例 $8ab \div 2a = \dfrac{8ab}{2a} = \dfrac{\overset{4}{8} \times \overset{1}{a} \times b}{\underset{1}{2} \times \underset{1}{a}} = 4b$
約分する

☑ 2│乗除の混じった計算

(1)わる数の逆数をかけ，**乗法だけの式**になおして計算。

例 $6x \times 2xy \div 4x^2 = 6x \times 2xy \times \dfrac{1}{4x^2}$
逆数をかける

$= \dfrac{6x \times 2xy}{4x^2} = 3y$

✎ テストの例題チェック

1 単項式の乗除　次の計算をしなさい。

$(1)\ 3x \times (-x)^2$　　　　　$(2)\ -4ab^2 \div \dfrac{2}{3}b$

注目 (1)**累乗を先に**計算する！
(2)**逆数をかける形**にしてから**約分**！

☑ (1)　$3x \times (-x)^2$

$= 3x \times (-x) \times (-x)$

$= 3x \times x^2 = 3x^3 \cdots$ 答

☑ (2)　$-4ab^2 \div \dfrac{2}{3}b$　逆数になおしてかける　$\dfrac{2}{3} = \dfrac{2b}{3} \cdot \dfrac{3}{2b}$　逆数

$= \ 4ab^2 \times \dfrac{3}{2b}$

$= -\dfrac{4ab^2 \times 3}{2b} = -6ab \cdots$ 答

参考

累乗の計算では，次の法則が成り立つ。

$a^m \times a^n$
$= a^{m+n}$
$(a^m)^n$
$= a^{m \times n}$

ミス注意

答えの符号にも注意！

---

2 乗除の混じった計算　次の計算をしなさい。

$6x^2 \div 3y \times 4xy$

注目 **乗法だけの式**になおして計算！

☑　$6x^2 \div 3y \times 4xy = 6x^2 \times \dfrac{1}{3y} \times 4xy$

$= \dfrac{6x^2 \times 4xy}{3y} = 8x^3 \cdots$ 答

ミス注意

係数だけでわるミスに注意。

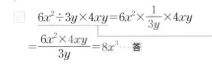

はまちがい。

6 式の値

1 | 式の値

(1) 式の値の求め方 … それぞれの**文字に数を代入**して計算。

例 $x=2$, $y=-1$ のとき,

$3x+2y$ の値は,

$3x+2y$

$=3 \times 2 + 2 \times (-1)$

負の数は( )をつけて代入

$=6-2$

$=4$

式の値

> **くわしく**
>
> **代入のコツ**
>
> ① 負の数は( )をつけて代入。
>
> ② 累乗の指数のついた文字に負の数や分数を代入するときも,( )をつけて代入。

(2) 複雑な式の値 … 式をできるだけ**簡単にしてから**, 数を代入する。

例 $a=5$, $b=\dfrac{1}{3}$ のとき, $3(a+b)-2(a+3b)$ の値は,

$3(a+b)-2(a+3b)$

$=3a+3b-2a-6b$ ← 式を簡単にする

$=a-3b$

$= 5 -3 \times \dfrac{1}{3}$ ← 数を代入する

$=5-1$

$=4$

> いきなり代入すると,
> $$3\left(5+\dfrac{1}{3}\right)-2\left(5+3\times\dfrac{1}{3}\right)$$
> となり, 計算が複雑。

✏ テストの例題チェック

テストでは 数をいきなり代入しようとせず，まずは式が簡単にならないかを必ず確認するようにしよう。

1 式の値　次の式の値を求めなさい。

(1) $x=-2$, $y=4$ のとき，$-4x-3y$ の値

(2) $x=5$, $y=-4$ のとき，$4x-y^2$ の値

注目 負の数は（　）をつけて代入！

☐ (1) $-4x-3y = -4\times(-2)-3\times 4$

$\qquad = 8 -12$

$\qquad = -4 \cdots$ 答

負の数は（　）を
つけて代入。

☐ (2) $4x-y^2 = 4\times 5 - (-4)^2$

$\qquad = 20-16$

$\qquad = 4 \cdots$ 答

ミス注意

(-4^2)では
ない！

2 複雑な式の値　次の式の値を求めなさい。

$a=-2$, $b=\dfrac{3}{4}$ のとき，$12ab^2 \div (-3b)$ の値

注目 式を**簡単にしてから**数を代入！

☐ $12ab^2 \div (-3b) = -\dfrac{12ab^2}{3b}$

$\qquad = -4\,ab$

$\qquad = -4\times(-2)\times\dfrac{3}{4}$

$\qquad = 6 \cdots$ 答

式を簡単にする。

数を代入。

7 文字式の利用(1)

☐ 1│文字式を利用した説明

(1)**文字式による説明** … 次の手順で行うとよい。

① いくつかの数量を文字式で表す。

② 式を変形して，成り立つことを示す。

(2)**説明でよく使われる表し方** (n は整数)

① ある数 a の倍数 ➡ an

② 偶数 ➡ $2n$

奇数 ➡ $2n+1$ （または，$2n-1$）

③ 十の位の数が a，一の位の数が b である 2 けたの

自然数 ➡ $10a+b$

例 「一の位の数が 0 でない 2 けたの自然数から，十の位の数と
一の位の数を入れかえた自然数をひくと，差が 9 の倍数に
なる。そのわけを説明しなさい。」

〈説明〉 十の位の数を a，一の位の数を b とすると，

2 けたの自然数は，$10a+b$ ◀── 文字式で表す

位の数を入れかえた自然数は，$10b+a$ ◀──┘

と表せる。

それらの差は，

$(10a+b)-(10b+a)$ ┐ 式を変形して，
$=10a-a+b-10b=9a-9b$ ┘ 9×(整数)の形を導く

$= 9(a-b)$ ◀──

$a-b$ は整数だから，$9(a-b)$ は 9 の倍数である。

✏ テストの例題チェック

---

1 整数の性質の説明 次の問いに答えなさい。

連続する3つの奇数の和は，3の倍数である。このことを説明しなさい。

注目 文字式を変形して，**3×(整数)**の形に導く!

☑ 〈説明〉 連続する3つの奇数を，$2n-1$，
$2n+1$，$2n+3$（nは整数）とすると，その和は，
$$(2n-1)+(2n+1)+(2n+3)$$
$$=6n+3=3(2n+1)$$
$2n+1$は整数だから，$3(2n+1)$は3の倍数である。

> まん中の奇数を
> $2n+1$として，
> 前後の奇数は，
> $2n+1-2$
> $=2n-1$
> $2n+1+2$
> $=2n+3$

---

2 偶数や奇数の性質の説明 次の問いに答えなさい。

偶数と奇数の和は，奇数になることを説明しなさい。

注目 m，nを整数とすると，
偶数 $2m$，奇数 $2n+1$

☑ 〈説明〉 m，nを整数とすると，
偶数は$2m$，奇数は$2n+1$と表せて，その和は，
$$2m+(2n+1)=2m+2n+1$$
$$=2(m+n)+1$$
$m+n$は整数だから，$2(m+n)+1$は
奇数である。

> ちがう文字を
> 使う。
> 同じ文字では
> 連続した数に
> なり，一般的
> でない。

8 文字式の利用(2)

1 文字式の図形への利用

(1)図形の問題を考えるときに使う公式

①円の周の長さと面積 〔r：半径〕

周の長さ $\ell = 2\pi r$ **面積** $S = \pi r^2$

②おうぎ形の弧の長さと面積

弧の長さ $\ell = 2\pi r \times \dfrac{a}{360}$

面　積 $S = \pi r^2 \times \dfrac{a}{360}$

$\begin{bmatrix} r：半径 \\ a^\circ：中心角 \end{bmatrix}$

③角柱・円柱の体積 $V = Sh$

④角錐・円錐の体積 $V = \dfrac{1}{3}Sh$

$\begin{bmatrix} S：底面積 \\ h：高さ \end{bmatrix}$

2 等式の変形

(1)ある文字について解く … 解く文字以外の文字を数と

考えて，方程式を解く要領で，

(解く文字)＝ ～ の形に**変形**する。

例 $3x + 4y = 8$ を，y について解くと，

$3x + 4y = 8$ ┄┄ $3x$ を移項

$4y = -3x + 8$ ┄┄ 両辺を 4 でわる

$y = -\dfrac{3}{4}x + 2$

✏️ テストの例題チェック

テストでは 等式の変形の問題は必出。符号のミスなどに注意して，方程式を解く要領でていねいに変形しよう。

1 文字式の体積への利用　次の問いに答えなさい。

底面の半径が r cm，高さが h cm の円柱がある。この円柱の高さを変えずに底面の半径を3倍にすると，体積は何倍になるか答えなさい。

注目 2つの円柱の体積を**文字式で表して**考える！

☑ もとの円柱の体積は，$\pi r^2 h$

　底面の半径が3倍の円柱の体積は，

　　$\pi \times (3r)^2 \times h = 9\pi r^2 h$　　　**答 9倍**

円柱の体積
＝底面積×高さ
　(πr^2)　　(h)

2 等式の変形　次の式を，〔 〕内の文字について解きなさい。

(1) $5x - 3y = -6$　〔y〕　　　(2) $V = \dfrac{1}{3}\pi r^2 h$　〔h〕

注目 **方程式を解く要領**で変形する！

☑ (1) $5x - 3y = -6$

　　　$-3y = -5x - 6$

　　　$y = \dfrac{5}{3}x + 2$ … **答**

$5x$ を移項

両辺を -3 でわる

✍ ミス注意

移項するときや負の数でわるとき，符号に注意！

☑ (2) $V = \dfrac{1}{3}\pi r^2 h$

　　　$\dfrac{1}{3}\pi r^2 h = V$

　　　$\pi r^2 h = 3V \;\rightarrow\; h = \dfrac{3V}{\pi r^2}$ … **答**

両辺を πr^2 でわる

解く文字が左辺になるように，左辺と右辺を入れかえるとよい。

テスト直前 最終チェック！ ▶ ▶

■ 式の次数

① 単項式の次数は，かけあわさ
れた**文字の個数**。

$$3x^2y$$
次数は 3

---

② 多項式の次数は，各項の次数
のうちで，**最大のもの**。

$$5x^3y - 2xy + 3$$
次数は 4

＊次数が 1 の式を **1 次式**，次数が 2 の式を **2 次式**，…という。

■ 多項式の加減

① 同類項は，**係数どうしを 1 つ
にまとめる**ことができる。

$$5x + 2y - 3x + y$$
$$= (5 - 3)x + (2 + 1)y$$
$$= 2x + 3y$$

---

② ＋（　）は，（　）をそのままは
ずして，同類項をまとめる。

$$(2x + 3y) + (3x - y)$$
$$= 2x + 3y + 3x - y$$
$$= 5x + 2y$$

---

③ －（　）は，（　）の中の各項の
符号を変えて（　）をはずし，
同類項をまとめる。

$$(7x - 2y) - (3x - 4y)$$
$$= 7x - 2y - 3x + 4y$$
$$= 4x + 2y$$

▶▶ 1章　式の計算

■ 数と多項式の乗除

① (数)×(多項式)は，分配法則を使い，**数を（　）内のすべての項にかける。**

$$3(2x-5y)$$
$$= 3 \times 2x + 3 \times (-5y)$$
$$= 6x - 15y$$

② (多項式)÷(数)は，わる数の**逆数を，（　）内のすべての項にかける。**

$$(9x-6y) \div 3$$
$$= (9x-6y) \times \frac{1}{3}$$
$$= 3x - 2y$$

■ 単項式の乗除

① 乗法は，**係数どうしの積に文字どうしの積をかける。**

$$3xy \times 4y$$
$$= 3 \times 4 \times x \times y \times y$$
$$= 12xy^2$$

② 除法は，**分数の形か逆数をかける形**にして，約分する。

$$15ab^2 \div 3b$$
$$= \frac{15ab^2}{3b} = 5ab$$

■ 文字式の利用

① よく使われる表し方

（n は整数）

①ある数 a の倍数…an
②偶数（ぐうすう）… $2n$
　奇数（きすう）…$2n+1$

■ 等式の変形

① **(解く文字)=〜の形に変形（へんけい）。**

$x+y=5$ を，
y について解くと，
　$y = -x + 5$

⑨ 連立方程式と解

☐ 1 | 2元1次方程式

(1) **2元1次方程式** … 2つの文字を
ふくむ1次方程式。

(2) **2元1次方程式の解** … 方程式を
成り立たせる**文字の値の組**。

> **例** 2元1次方程式　$x+y=5$　の解は,
>
> $x=1$, $y=4$ や, $x=2$, $y=3$ など, 無数にある。

☐ 2 | 連立方程式

(1) **連立方程式** … 2つ以上の方程式を組にしたもの。

(2) **連立方程式の解** … 組にしたどの方程式も成り立たせる文字の
値の組。

> **例** $x=3$, $y=1$ が, 連立方程式　$\begin{cases} x+y=4 & \cdots① \\ 3x-y=8 & \cdots② \end{cases}$
>
> の解であることを確かめる。
>
> ①, ②の式に, $x=3$, $y=1$ を代入して,
>
> 　① （左辺）$=3+1=4=$（右辺）
>
> 　② （左辺）$=3×3-1=8=$（右辺）
>
> 　$x=3$, $y=1$ は, ①, ②のどちらの方程式も成り立たせる
>
> ので, 連立方程式の解である。

✐ テストの例題チェック

1 2元1次方程式の解　次の問いに答えなさい。

$x=3$，$y=\square$ が，2元1次方程式　$2x+3y=18$　の解であるとき，$\square$ にあてはまる数を求めなさい。

注目 方程式に x の値を代入し，y の値を求める！

☑ $2x+3y=18$ に，$x=3$ を代入して，

$2\times3+3y=18$

$6+3y=18$

$3y=12$ → $y=4$ … 答

参考

解は，次のように書くこともある。

$(x,\ y)=(3,\ 4)$

$\begin{cases} x=3 \\ y \quad 1 \end{cases}$

2 連立方程式の解　次の問いに答えなさい。

連立方程式 $\begin{cases} 3x+\ y=5 & \cdots① \\ x-2y=4 & \cdots② \end{cases}$ の解は，次の⑦，④の

どちらか答えなさい。

⑦ $x=1$，$y=2$ 　　④ $x=2$，$y=-1$

注目 ①，②の**両方の方程式を成り立たせるもの**をさがす！

☑ ⑦①(左辺)$=3\times1+2=5=$(右辺)

②(左辺)$=1-2\times2=-3\neq$(右辺)

④①(左辺)$=3\times2-1=5=$(右辺)

②(左辺)$=2-2\times(-1)=4=$(右辺)

解は，①，②のどちらも成り立つ④。… 答

ミス注意

①，②のどちらも成り立たせるものでなければ，連立方程式の解ではない。

10 加減法

1 連立方程式の加減法による解き方

(1) **加減法**… 2つの式の辺どうしをたすかひくかして，

1つの文字を消去して解く方法。

例 $\begin{cases} x+3y=10 & \cdots ① \\ 2x+5y=17 & \cdots ② \end{cases}$

①×2−②で，x を消去する。

①×2　　$2x+6y=20$

②　　 $-)\ 2x+5y=17$

xを消去→ ⬚　　　　$y=3$

$y=3$ を，①に代入して，

$x+3\times 3 =10$

$x+9=10$

$x=1$

答 $x=1$，$y=3$

解き方の手順

① どの文字を消去すれば
よいか，判断する。

▽

② 消去する文字の係数の
絶対値を等しくする。

▽

③ 2つの式をたしたりひ
いたりして，1つの文
字を消去する。

◆消去する文字を選ぶ着眼点 ・・・・・・・・・・・・・
① どちらか一方の式を何倍かすれば，係数の絶対値がそろ
う文字を選ぶ。
② 係数の最小公倍数が小さいほうの文字を選ぶ。
③ 辺どうしをたしたりひいたりして，消去することができ
る文字を選ぶ。
このような着眼点で選ぶと，ミスを減らすことができる。
・・・・・・・・・・・・・・・・・・・・・・・・・・・・・・・・・・・

✏ テストの例題チェック

テストでは 消去する文字は，係数の最小公倍数が小さい文字を選ぶなど，あとの計算がらくになるよう工夫する。

---

1 加減法で解く 次の連立方程式を，加減法を使って解きなさい。

(1) $\begin{cases} 4x+\ y=5 & \cdots① \\ 4x-3y=17 & \cdots② \end{cases}$ (2) $\begin{cases} 5x+3y=2 & \cdots① \\ 3x-2y=-14 & \cdots② \end{cases}$

注目 係数がそろっていないときは，
係数の絶対値を最小公倍数にそろえて加減！

☐ (1) ①−②で，x を消去する。

$$4x+\ y=5$$
$$-)\ 4x-3y=17$$

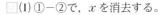

$$4y=-12$$
$$y=-3$$

$y=-3$ を，①に代入して，

$$4x-3=5 \ \rightarrow \ x=2$$

答 $x=2$, $y=-3$

> **ミス注意**
> 左辺は，
> $$y-3y$$
> $$=-2y$$
> ではない。

> ②に代入してもよいが，①のほうがらくに計算できる。

☐ (2) ①×2＋②×3で，y を消去する。

$$①×2 \qquad 10x+6y=\ \ 4$$
$$②×3 \ \underline{+)\ 9x-6y=-42}$$
$$19x\qquad\ =-38$$
$$x=-2$$

$x=-2$ を，①に代入して，

$$5×(-2)+3y=2 \ \rightarrow \ y=4$$

答 $x=-2$, $y=4$

> ①×3−②×5で x を消去してもよいが，扱う数が大きくなり，ミスしやすい。

11 代入法,いろいろな連立方程式(1)

1 連立方程式の代入法による解き方

(1) **代入法** …「$x=\cdots$」や,「$y=\cdots$」の式を他方の式に代入して,1つの文字を消去して解く方法。

例
$$\begin{cases} 3x-2y=9 & \cdots① \\ x=2y-1 & \cdots② \end{cases}$$

②を①に代入して,x を消去して解く。

$$3(2y-1)-2y=9$$

> $3\,x-2y=9$
> ↓
> $\quad\quad x=2y-1$
> $3(2y-1)-2y=9$

$$6y-\,3\,-2y=9 \ \to \ 4y=12 \ \to \ y=3$$

ミス注意
代入するときは,必ず( )をつける。

$y=3$ を,②に代入して,

$$x=2\times\,3\,-1 \ \to \ x=5 \qquad \boxed{答}\ x=5,\ y=3$$

2 かっこがある連立方程式

(1) **かっこがある連立方程式の解き方** … かっこをはずし,$ax+by=c$ の形に整理してから解く。

例
$$\begin{cases} 3x+y=10 \\ 3x-2(x-y)=5 \end{cases}$$

下の式のかっこをはずして整理すると,

$$\begin{cases} 3x+y=10 \\ 3x-2x+2y=5 \end{cases} \ \blacktriangleright \ \begin{cases} 3x+\ y=10 \\ x\ +2y=5 \end{cases}$$

これを解くと,$x=3,\ y=1$ \qquad $\boxed{答}\ x=3,\ y=1$

✏ テストの例題チェック

テストでは 一方，または両方の式が「$x=\cdots$」や「$y=\cdots$」なら，代入法を使って解こう。

1 代入法で解く 次の連立方程式を，代入法を使って解きなさい。

$$\begin{cases} y=2x-6 & \cdots① \\ 2x+3y=-2 & \cdots② \end{cases}$$

注目 一方の式を他方の式に代入し，y を消去！

☑ ①を②に代入して，

$$2x+3(2x-6)=-2$$
$$2x+6x-18=-2$$
$$8x=16 \quad \rightarrow \quad x=2$$

$x=2$ を，①に代入して，$y=-2$　**答** $x=2,\ y=-2$

> **ミス注意**
> ( )をはずすとき，符号のミスや，かけ忘れに注意！

2 かっこがある連立方程式 次の連立方程式を解きなさい。

$$\begin{cases} 2(x-2y)=y-16 \\ 3x+5y=1 \end{cases}$$

注目 まず，かっこをはずす！

☑ 上の式のかっこをはずして整理すると，

$$\begin{cases} 2x-4y=y-16 \\ 3x+5y=1 \end{cases} \Rightarrow \begin{cases} 2x-5y=-16 & \cdots① \\ 3x+5y=1 & \cdots② \end{cases}$$

①+②より，$5x=-15 \quad \rightarrow \quad x=-3$

$x=-3$ を，②に代入して，$-9+5y=1 \quad \rightarrow \quad y=2$

答 $x=-3,\ y=2$

12 いろいろな連立方程式(2)

1 係数に分数・小数をふくむ連立方程式

(1) **分数をふくむ場合の解き方** … 両辺に**分母の最小公倍数を**
かけて，分母をはらって解く。

例 $\begin{cases} x-2y=2 \\ \dfrac{1}{3}x-\dfrac{1}{2}y=1 \end{cases}$ ➡ $\begin{cases} x-2y=2 \\ 2x-3y=6 \end{cases}$

両辺に 6 をかける

(2) **小数をふくむ場合の解き方** … 両辺に10や100などを
かけて，係数を整数になおして解く。

例 $\begin{cases} 3x-y=3 \\ 0.3x+0.2y=1.2 \end{cases}$ ➡ $\begin{cases} 3x-y=3 \\ 3x+2y=12 \end{cases}$

両辺に10をかける

2 連立方程式の解と係数

例 連立方程式 $\begin{cases} ax-3y=5 & \cdots① \\ 3x-by=7 & \cdots② \end{cases}$ の解が，$x=4$，$y=1$

であるとき，a，b の値を求めなさい。

$x=4$，$y=1$ を，①，②に代入して，

①より，$4a-3=5$ → $4a=8$ → $a=2$

②より，$12-b=7$ → $-b=-5$ → $b=5$

それぞれ，a，b についての方程式とみて解く

答 $a=2$，$b=5$

✏ テストの例題チェック

テストでは 分数や小数をふくむ式の係数を整数になおすとき、右辺へかけ忘れるミスに注意しよう。

1 分数・小数をふくむ連立方程式　次の連立方程式を解きなさい。

$$\begin{cases} \dfrac{2}{3}x+\dfrac{1}{4}y=\dfrac{5}{6} & \cdots ① \\ 0.2x+0.7y=4 & \cdots ② \end{cases}$$

注目　①，②とも，**係数を整数になおす！**

☑ ①×12　$\begin{cases} 8x+3y=10 & \cdots ①' \\ 2x+7y=40 & \cdots ②' \end{cases}$

　　②×10

①'−②'×4 から，$y=6$

$y\ 6$ を①'に代入して，$x=\underline{\ 1\ }$

ミス注意
右辺へのかけ
忘れに注意！

$$\begin{array}{r} 8x+\ 3y\ \ \ 10 \\ -)\,8x+28y=160 \\ \hline -25y=-150 \end{array}$$

答 $x=-1,\ y=6$

2 連立方程式の解と係数　次の問いに答えなさい。

連立方程式 $\begin{cases} ax+by=7 & \cdots ① \\ bx+ay=-5 & \cdots ② \end{cases}$ の解が，$x=2,\ y=-1$

であるとき，$a,\ b$ の値を求めなさい。

注目　解を代入し，**$a,\ b$ についての連立方程式**を解く！

☑ ①，②に，$x=2,\ y=-1$ を代入して，

$\begin{cases} 2a-b=7 & \cdots ③ \\ 2b-a=-5 & \cdots ④ \end{cases}$

$$\begin{array}{r} 4a-2b=14 \\ +)\,-a+2b=-5 \\ \hline 3a\ \ \ \ \ =9 \end{array}$$

③×2+④から，$a=3$

$a=3$ を③に代入して，$b=-1$

答 $a=3,\ b=-1$

13 連立方程式の利用(I)

1 応用問題の解き方

(1)解き方の手順

連立方程式をつくる ••• ①2つの等しい関係をみつける。
②求める数量、またはそれと関連
する数量を、2つの文字で表す。

↓

連立方程式を解く

↓

解を検討する ••• 解が問題に適しているか調べる。

2 個数と代金に関する問題

(1)代金＝単価×個数を利用して解く。

例「1個60円のみかんと1個140円のりんごを合わせて10個
買ったら、代金の合計が920円だった。みかんとりんごを
それぞれ何個買ったか求めなさい。」

みかんを x 個、りんごを y 個買ったとすると、

求める数量を文字で表すとよい

個数の関係から、$x+y=10$ …①

代金の関係から、$60x+140y=920$ …②

2つの等しい関係を
方程式に表す

①、②を連立方程式として解くと、

$x=6$，$y=4$

これは問題にあっている。← 解の検討

x，yとも自然数だから

答 みかん… 6 個、りんご… 4 個

✎ テストの例題チェック

1 本数と代金に関する問題　次の問いに答えなさい。

1本50円の鉛筆と1本110円のボールペンを合わせて13本買って，1000円札を出したら，おつりが50円だった。鉛筆とボールペンの買った本数をそれぞれ求めなさい。

注目 本数と代金の関係から，**2つの方程式**をつくる！

☑ 鉛筆を x 本，ボールペンを y 本買ったとすると，

$$\begin{cases} x+y=13 & \cdots ① \quad \leftarrow 本数の関係 \\ 50x+110y=1000-50 & \cdots ② \quad \leftarrow 代金の関係 \end{cases}$$

①，②を連立方程式として解くと，$x=8$，$y=5$

答 鉛筆…8本，ボールペン…5本

2 人数と代金に関する問題　次の問いに答えなさい。

ある植物園の入園料は，中学生2人とおとな3人では1200円，中学生3人とおとな4人では1650円である。中学生1人とおとな1人の入園料をそれぞれ求めなさい。

注目 2通りの場合を**それぞれ方程式に表す**！

☑ 中学生1人を x 円，おとな1人を y 円とすると，

$$\begin{cases} 2x+3y=1200 & \cdots ① \quad \leftarrow 中学生2人，おとな3人の料金 \\ 3x+4y=1650 & \cdots ② \quad \leftarrow 中学生3人，おとな4人の料金 \end{cases}$$

①，②を連立方程式として解くと，$x=150$，$y=300$

答 中学生…150円，おとな…300円

14 連立方程式の利用(2)

☐ 1 整数に関する問題

(1) 2数を求める問題

… 問題文の通りに立式して，2つの方程式をつくる。

例 「2つの数の和が90で，一方の数が他方の数の3倍より10大きいとき，この2つの数を求めなさい。」

2つの数を x，y $(x>y)$ とすると，

$$\begin{cases} x+y=90 & \cdots ① \quad \leftarrow 2数の和が90 \\ x=3y+10 & \cdots ② \quad \leftarrow 一方の数が他方の数の3倍より10大きい \end{cases}$$

①，②を連立方程式として解くと，

$$x=70, \quad y=20$$

答 70，20

(2) 2けたの自然数を求める問題

… 十の位の数を x，一の位の数を y として，2けたの自然数を，$10x+y$ と表して方程式をつくる。

☐ 2 速さに関する問題

(1) 時間の関係と道のりの関係に着目し，2つの方程式をつくる問題が多い。

● **速さ＝道のり÷時間**

・道のり＝速さ×時間

・時間＝道のり÷速さ

✎ テストの例題チェック

テストでは 速さに関する問題が特に目立つ。分数をふくむ連立方程式の解き方もしっかりおさえておこう。

1 2けたの自然数に関する問題　次の問いに答えなさい。

2けたの自然数がある。各位の数の和は14であり，十の位の数と一の位の数を入れかえてできる数は，もとの数より18大きい。もとの自然数を求めなさい。

注目 十の位を x，一の位を y ➡ 2けたの自然数は $10x + y$

☑十の位の数を x，一の位の数を y とすると，

$$\begin{cases} x+y=14 & \cdots① \\ 10y + x = 10x + y + 18 & \cdots② \end{cases}$$

もとの数…10x + y
位を入れかえた数…10y + x

①，②を連立方程式として解くと，$x=6$，$y=8$
したがって，求める自然数は，$6 \times 10 + 8 = 68$ … **答**

2 速さに関する問題　次の問いに答えなさい。

140 km の道のりを自動車で走った。一般道路では時速 30 km，高速道路では時速 80 km で走り，全体で3時間かかった。一般道路と高速道路を走った道のりをそれぞれ求めなさい。

注目 **道のりと時間の関係から2つの方程式をつくる!**

☑一般道路の道のりを x km，高速道路の道のりを y km とすると，

$$\begin{cases} x+y=140 & \cdots① \\ \dfrac{x}{30}+\dfrac{y}{80}=3 & \cdots② \end{cases}$$

①，②を連立方程式として解くと，
$x=60$，$y=80$

答 一般道路… 60 km，高速道路… 80 km

2章

15 連立方程式の利用(3)

☑ 1 │ 割合に関する問題

(1)割合の表し方 … a % ➡ $\dfrac{a}{100}$ （または，$0.01\,a$）

(2)数量の増減に関する問題

　… 基準となる数量を，x，y とするとよい。

> 例 「A と B の品物を買うと，定価の合計は 4500 円であったが，A は定価の 80 %，B は定価の 70 % で売っていたので，代金の合計は 3300 円になった。A，B の定価をそれぞれ求めなさい。」
>
> A の定価を x 円，B の定価を y 円とすると，
>
> $$\begin{cases} x+y=4500 & \cdots① \\ \dfrac{80}{100}x+\dfrac{70}{100}y=3300 & \cdots② \end{cases}$$
>
> ← 定価の合計
> ← 値引き後の代金の合計
>
> $0.8x+0.7y=3300$ でもよい。
>
> ①，②を連立方程式として解くと，
>
> $x=1500$，$y=3000$
>
> **答** A … 1500 円，B … 3000 円

> ②の式は，両辺に10をかけて，分母をはらう。
>
> $$\dfrac{80}{100}x+\dfrac{70}{100}y=3300 \rightarrow 8x+7y=33000$$
>
> 10をかける（100倍して，10でわる）

✏️ テストの例題チェック

1 数量の増減に関する問題　次の問いに答えなさい。

ある中学校のコーラス部の部員数は, 昨年は男女合わせて40人であった。今年は, 男子が 20 % 増え, 女子が 20 % 減ったので, 昨年より 2 人減った。今年の男子と女子の部員数は, それぞれ何人か求めなさい。

注目 昨年の男子と女子の部員数を x, y とするとよい!

☐ 昨年の男子の部員数を x 人, 女子の部員数を y 人とすると,

$$\begin{cases} x+y=40 & \cdots① \quad \leftarrow 昨年の部員数 \\ 1.2x+0.8y=38 & \cdots② \quad \leftarrow 今年の部員数 \end{cases}$$

$40-2$

> ②の式は, 2 人減ったことより,
> $0.2x-0.2y=-2$
> としてもよい。

①, ②を連立方程式として解くと,

$$x=15, \quad y=25$$

したがって, 今年の男子と女子の部員数は,

男子…$15×1.2=18$(人)

女子…$25×0.8=20$(人)

答 男子…18人, 女子…20人

> ⚡ **ミス注意**
> これが答えではない!
> この x, y の値は, 昨年の男子と女子の人数。

〔別解〕

今年の男子の部員数を x 人, 女子の部員数を y 人としても解ける。

$$\begin{cases} x÷\left(1+\dfrac{20}{100}\right)+y÷\left(1-\dfrac{20}{100}\right)=40 \\ x+y-38 \end{cases}$$

テスト直前 最終チェック！ ▶▶

■ 2元1次方程式

● 2つの文字をふくむ1次方程式を，**2元1次方程式**といい，それを成り立たせる文字の値の組を，**2元1次方程式の解**という。

2元1次方程式
$2x+y=8$ の解は，
● $x=1,\ y=6$
● $x=2,\ y=4$
          ⋮

✓ 連立方程式の解き方

❶ **加減法**は，2つの式の辺どうしをたすかひくかして，1つの文字を消去して解く。

$$\begin{cases} 3x+y=10 \quad \cdots① \\ x+y=6 \quad \cdots② \end{cases}$$

①−②より，

$$\begin{array}{r} 3x+y=10 \\ -)\ \ x+y=6 \\ \hline 2x\ \ \ \ \ =4 \\ x=2 \end{array}$$

②に $x=2$ を代入

$$2+y=6$$
$$y=4$$

❷ **代入法**は，一方の式を他方の式に代入して，1つの文字を消去して解く。

$$\begin{cases} 2x-y=1 \quad \cdots① \\ x=y-2 \quad \cdots② \end{cases}$$

②を①に代入

$$2(y-2)-y=1$$
$$2y-4-y=1$$
$$y-4=1$$
$$y=5$$

②に $y=5$ を代入

$$x=5-2$$
$$=3$$

▶▶▶ 2章　連立方程式

✓ いろいろな連立方程式

① かっこがある連立方程式は，**かっこをはずし，**
$ax+by=c$ **の形に整理してから解く。**

$$\begin{cases} 4x+y=9 \\ x+2(x-y)=4 \end{cases}$$ かっこをはずす $$\begin{cases} 4x+y=9 \\ 3x-2y=4 \end{cases}$$

- -

② 係数に分数・小数をふくむ連立方程式は，**係数を整数になお**
して解く。

$$\begin{cases} 2x-y=5 \\ \dfrac{1}{2}x-\dfrac{1}{3}y=1 \end{cases}$$ 両辺に6をかける $$\begin{cases} 2x-y=5 \\ 3x-2y=6 \end{cases}$$

✓ 連立方程式の利用

① **解き方の手順**

連立方程式をつくる
①2つの等しい関係をみつける。 ②求める数量，またはそれと関連する数量を2つの文字で表す。

⬇

連立方程式を解く

⬇

解を検討する
解が問題に適しているか調べる。

② **よく使われる公式**

代金＝単価×個数

速さ＝道のり÷時間

- - - - - - - - - - - - - - - - -

③ 十の位を x，一の位を y
とした2けたの自然数

$$10x+y$$

- - - - - - - - - - - - - - - - -

④ **割合** $a\%$ … $\dfrac{a}{100}$
$(0.01a)$

16 1次関数と変化の割合

1 | 1次関数

(1) **1次関数** … y が x の 1 次式で表されるとき，y は x の 1 次関数であるという。

(2) **1次関数の式** … 一般に，右の形の式で表される。

> 1次関数の式
>
> $$y = ax + b$$
>
> x に比例する部分　　定数部分
>
> （a，b は定数，$a \neq 0$）

例 $y = -x + 3$ … 1 次関数である。

$y = 2x^2 - 3$ … 1 次関数でない。

$y = 5x$ … 1 次関数である。

比例の関係 $y = ax$ は，
1 次関数の特別な場合

2 | 変化の割合

(1) **1次関数の変化の割合** … 1 次関数 $y = ax + b$ の変化の割合は一定で，x の係数 a に等しい。

変化の割合 $= \dfrac{y \text{ の増加量}}{x \text{ の増加量}} = a$（一定）

例 1 次関数 $y = 2x - 1$ で，x が 1 から 4 まで増加したときの変化の割合は，

$x = 1$ のとき，$y = 2 \times 1 - 1 = 1$

$x = 4$ のとき，$y = 2 \times 4 - 1 = 7$

だから，変化の割合 $= \dfrac{7 - 1}{4 - 1} = \dfrac{6}{3} = 2$ ← x の係数に等しい

✏ テストの例題チェック

1 1次関数の判別　次のうち，y が x の1次関数であるものを答えなさい。

㋐面積 $10\ \text{cm}^2$ の平行四辺形の底辺 $x\ \text{cm}$ と高さ $y\ \text{cm}$

㋑水が $10\ \text{L}$ 入っている水そうに，毎分 $3\ \text{L}$ ずつ水を入れた
　ときの x 分後の水そうの水の量 $y\ \text{L}$

注目 式が $y=ax+b$ の形で表されれば，1次関数！

☑㋐式は，$xy=10\ \rightarrow\ y=\dfrac{10}{x}$　x の1次式

　ではないので，1次関数ではない。

　㋑式は，$y=3x+10$

　x の1次式なので，1次関数である。

答 ㋑

参考

変数 x，y で，x の値を決めると対応する y の値がただ1つに決まるとき，y は x の関数であるという。

2 1次関数の変化の割合　次の問いに答えなさい。

　1次関数 $y=\dfrac{1}{3}x+2$ で，x の増加量が 6 のときの y の増加量を求めなさい。

注目 変化の割合 $=\dfrac{y\ \text{の増加量}}{x\ \text{の増加量}}$ ⟹ y の増加量 $=$ **変化の割合×x の増加量**

☑$y=\dfrac{1}{3}x+2$ の変化の割合は，x の係数に

　等しいので $\dfrac{1}{3}$。よって，x の増加量が 6 の

　ときの y の増加量は，$\dfrac{1}{3}\times6=2$ …答

変化の割合が $\dfrac{1}{3}$ とは，x が1増加すると，y は $\dfrac{1}{3}$ 増加するということ。

|7 1次関数のグラフ

1 | 1次関数 $y=ax+b$ のグラフ

(1) **1次関数のグラフ** … 1次関数 $y=ax+b$
のグラフは、**傾きが a、切片が b** の
直線。

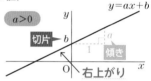

①傾き a…**変化の割合**に等しい。

②切片 b…グラフが **y 軸と交わる点**の y 座標。
（$x=0$ のときの y の値）

(2) **グラフの特徴**

● $a>0$…**右上がり**

● $a<0$…**右下がり**

$a>0$

$y=ax+b$

例 1次関数 $y=3x+5$ のグラフは、傾きが 3、切片が 5 の、
右上がりの直線になる。

2 | 比例と1次関数のグラフ

(1) **比例のグラフとの関係**

… 1次関数 $y=ax+b$ のグラフは、
$y=ax$ のグラフを **y 軸の正の方向
に b だけ平行に移動**させた直線。

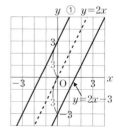

例 右上の図で、直線①の式は、$y=2x+3$

✏ テストの例題チェック

テストでは 傾きと切片を答える問題がねらわれる。それぞれの意味をしっかり理解しておこう。

1 傾きと切片　次の問いに答えなさい。

次の1次関数について，グラフの傾きと切片を答えなさい。

(1) $y = 5x - 3$　　　　　(2) $y = -x$

注目 $y = ax + b$ では，a が傾き，b が切片！

☑ (1) $y = \underset{a}{5}x \underset{b}{- 3}$ では，

　　傾きは 5 ，切片は -3 … 答

☑ (2) $y = -x$ では，

　　傾きは -1 ，切片は 0 … 答

> 比例のグラフは，1次関数のグラフで，切片が0のときと考えられる。

2 比例と1次関数のグラフ　次の問いに答えなさい。

$y = -2x$ のグラフをもとにして，$y = -2x - 4$ のグラフをかきなさい。

注目 y 軸の**正の方向に**
b だけ平行に移動。

☑ $y = -2x$ のグラフを，y 軸の正の方向に -4 だけ（負の方向に 4 だけ）平行に移動させたグラフをかく。

答 右図

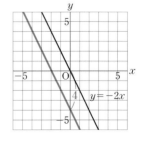

18 1次関数のグラフのかき方

1 | 1次関数のグラフのかき方

(1) 傾き *a* と切片 *b* を利用するかき方

①切片 *b* から，*y* 軸上の点

(0，*b*)をとる。

②傾き *a* から，もう 1 点を

とる。

③2 点を通る直線をひく。

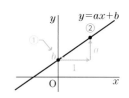

(2) 2 点を利用するかき方

① *x* 座標，*y* 座標とも整数になるような 2 点を選ぶ。

└── *x* の値を決めて式に代入し，*y* の値を求める

②2 点を通る直線をひく。

例 1次関数 $y=3x-2$ のグラフのかき方
　　　　傾き　切片

切片が−2 だから，

点(0 ， −2)を通る。

傾きが 3 だから，

点(0，−2)から右へ 1，

上へ 3 だけ進んだ

点(1 ， 1)も通る。

この 2 点を通る直線を

ひく。

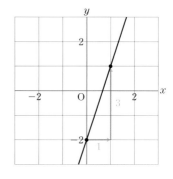

✎ テストの例題チェック

テストでは 1次関数のグラフをかく問題は頻出。a が正か負かに注意して傾きを確認し、ミスを防ごう。

1 1次関数のグラフをかく

次の1次関数のグラフをかきなさい。

(1) $y = -2x + 3$

(2) $y = \dfrac{3}{4}x - 1$

注目 切片と傾きから、**2点を決めて**かく!

☐(1) 切片が3だから、点(0 、 3)を通り、

傾きが−2だから、この点から右へ1、**下**へ2進んだ点(1、 1)を通る直線をひく。

答 右図

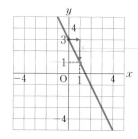

ミス注意

$a < 0$ だから、グラフは右下がりになる。

傾きが−2だから、右へ2、下へ4進んだ点(2、−1)などでもよい。

☐(2) 切片が−1だから、点(0、−1)を通り、

傾きが $\dfrac{3}{4}$ だから、この点から右へ4、上へ3進んだ点(4、 2)を通る直線をひく。

答 右図

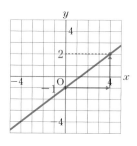

傾きが $\dfrac{d}{c}$ のときは、右へ c、上へ d 進む。

↑ 傾きの分母 c　↑ 傾きの分子 d

19 1次関数のグラフと変域

1 | 1次関数と変域

(1) x の変域に対応する y の変域の求め方

①x 軸上の x の変域に対応する，**グラフ上の部分**を求める。

②グラフ上の部分に対応する，**y 軸上の部分**を求める。

例 1次関数 $y=2x-3$ で，x の変域が $2 \leqq x \leqq 4$ のときの y の変域は，右の図より，

$$1 \leqq y \leqq 5$$

<small>2≦x≦4なので，対応する y の値もふくまれる</small>

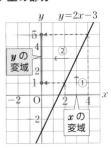

2 | 変域が限られている1次関数のグラフ

例 x の変域が $1<x \leqq 5$ のとき，1次関数 $y=x+1$ のグラフをかきなさい。

$y=x+1$ のグラフをかき，x 軸上の x の変域に対応するグラフ上の部分を，右の図のように示す。

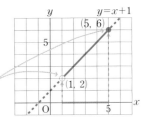

$1<x \leqq 5$ より，点$(1, 2)$はふくまないので○，点$(5, 6)$はふくむので●で表す。

✏️ テストの例題チェック

テストでは 変域が限られた問題やグラフでは、求めた値や座標がふくまれるかどうかに注意して表そう。

1 グラフと x, y の変域　次の問いに答えなさい。

1次関数 $y=-3x-2$ で，x の変域が $-2<x<1$ のときの y の変域を，右のグラフをもとにして求めなさい。

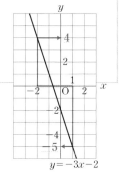

$$y=-3x-2$$

注目

x 軸上の変域

⬇

対応する**グラフ上**の部分

⬇

対応する y 軸上の y の変域

☑ 右図より，$-5<y<4$ … 答

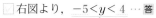
$-4>y>-5$ でもよい。

2 変域が限られている1次関数のグラフ　次の問いに答えなさい。

x の変域が $-2\leqq x<2$ のとき，1次関数 $y=-\dfrac{1}{2}x-1$ のグラフをかきなさい。

注目 グラフをかき，x の変域から**グラフ上の部分**を示す。

☑ $y=-\dfrac{1}{2}x-1$ のグラフをかき，$-2\leqq x<2$ の変域に対応するグラフ上の部分を示す。　　答 右図

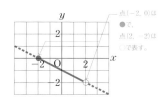

点 $(-2, 0)$ は
●で，
点 $(2, -2)$ は
○で表す。

20 1次関数の式の求め方(1)

☑ 1 | 1次関数の式の求め方

(1) 1次関数のグラフから式を求める

… 傾き a と切片 b を読み取り，a，b の値を $y=ax+b$ にあてはめる。

例 右の図の直線の式を求める。

切片は -1 で，傾きは，右へ

2進むと上へ1進むから $\dfrac{1}{2}$。

よって，この直線の式は，

$y=\dfrac{1}{2}x-1$

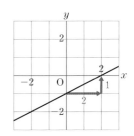

(2) 傾きと通る1点から式を求める

① 求める1次関数を $y=ax+b$ とおき，**a に傾きを代入**。

② 1点の座標の値を代入し，**b を求める**。

> 変化の割合と1組の x，y の値から1次関数の式を求める場合も同じ。
>
> **グラフの傾き**
> ‖ 等しい
> **変化の割合**

例 傾きが3で，点(2, 7)を通る

直線の式を求める。

傾きが3だから，求める式を，$y=3x+b$ とする。

これに，$x=2$，$y=7$ を代入して，

$7=3\times2+b \rightarrow b=1$　　式は，$y=3x+1$

✏️ テストの例題チェック

テストでは グラフから式を求めるとき，グラフが右下がりなら，傾き a が $a<0$ になることに注意しよう。

1 1次関数のグラフから式を求める 　次の問いに答えなさい。

右の図の直線の式を
求めなさい。

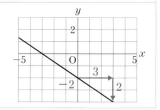

注目 切片と傾きを読み取って，式に表す！

☑ 切片は -2 で，傾きは $-\dfrac{2}{3}$ だから，

　式は，$y=-\dfrac{2}{3}x-2$ …**答**

右へ3進むと
下へ2進む。
　↓
傾きは $-\dfrac{2}{3}$

2 変化の割合と1組の x，y の値から式を求める 　次の問いに答えなさい。

変化の割合が -3 で，$x=2$ のとき $y=-5$ となる
1次関数の式を求めなさい。

注目 $y=ax+b$ に，**a の値と1組の x，y の値**を代入！

☑ 変化の割合が -3 だから，求める式を，

　$y=-3x+b$ とする。

　　この式に，$x=2$，$y=-5$ を代入して，

　　$-5=-3\times 2+b$ → $b=1$

　　よって，式は，$y=-3x+1$ …**答**

1次関数では，
変化の割合もグ
ラフの傾きも，
x の増加量1に
対する y の増加
量なので同じ。

21 1次関数の式の求め方(2)

□ 1│1次関数の式の求め方

(1)通る2点から式を求める

① $y=ax+b$ とおき、**通る2点の座標の値を代入**。

② a, b についての**連立方程式を解く**。

例 2点(2, 3)、(3, 5)を通る直線の式を求める。

求める式を、$y=ax+b$ とおく。

この式に、2点の座標の値を代入して、

$$\begin{cases} 3 = 2a+b \cdots ① \\ 5 = 3a+b \cdots ② \end{cases}$$

①、②を連立方程式として解くと、

$a=2$, $b=-1$

よって、式は、$y=2x-1$

> [別解]
> 2点から傾きは、
> $$\frac{5-3}{3-2}=2$$
> $y=2x+b$ とおき、
> $x=2$, $y=3$ を
> 代入して、
> $b=-1$
> → $y=2x-1$

(2)平行な直線の式を求める … 平行な2直線は傾きが等しい

ことを利用して求める。

例 点(2, 0)を通り、直線 $y=3x+1$ に平行な直線の式を求める。

$y=3x+1$ と平行なので、傾きは 3 だから、

$y=3x+b$ とおける。

これに、$x=2$, $y=0$ を代入して、$b=-6$

よって、式は、$y=3x-6$

テストの例題チェック

テストの例題チェック — テストでは 2点の座標から1次関数の式を求める問題がねらわれる。連立方程式の解き方も確認しておこう。

1 通る2点から式を求める 次の直線の式を求めなさい。

2点(2, −1), (−3, 9)を通る直線

注目 $y=ax+b$ に通る2点の座標の値を代入!

□ 求める式を, $y=ax+b$ とおく。
この式に2点の座標の値を代入して,
$$\begin{cases} -1=2a+b \cdots① \\ 9=-3a+b \cdots② \end{cases}$$
①, ②を連立方程式として解くと,
$a=-2, \ b=3$
よって, 式は, $y=-2x+3$ … 答

①−②より,
$-10=5a$
$a=-2$
$a=-2$ を②に代入して,
$9=6+b$
$b=3$

2 平行な直線の式を求める 次の直線の式を求めなさい。

点(−2, 3)を通り, 直線 $y=-x+5$ に平行な直線

注目 平行な2直線の**傾きは等しい**。

□ $y=-x+5$ と平行なので, 傾きは−1
だから, $y=-x+b$ とおける。
この式に, $x=-2, \ y=3$ を代入して,
$3=-(-2)+b \rightarrow b=1$
よって, 式は, $y=-x+1$ … 答

ミス注意
$x, \ y$ の値を逆に代入するミスに注意!

3章

55

22 方程式とグラフ

☐ 1 方程式のグラフ

(1) 2元1次方程式 $ax+by=c$ のグラフ
… 直線。

(2) 方程式 $y=p$ のグラフ … 点$(0,\ p)$ を
通り, x 軸に平行な直線。

(3) 方程式 $x=q$ のグラフ … 点$(q,\ 0)$ を
通り, y 軸に平行な直線。

例 2元1次方程式 $3x-y=1$ を,
y について解くと, $y=3x-1$
グラフは, 傾きが 3, 切片が
-1 の直線になる。

☐ 2 連立方程式の解とグラフ

(1) 連立方程式の解とグラフ

… $\begin{cases} ax+by=c & \cdots① \\ a'x+b'y=c' & \cdots② \end{cases}$ の

連立方程式の解は, **直線**
①, ②の**交点の座標**。

(2) 2直線の交点の座標の求め方

… 2直線の式を,

連立方程式として解く。→ x の値 → 交点の x 座標, y の値 → 交点の y 座標

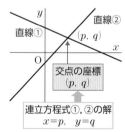

✎ テストの例題チェック

テストでは 2直線の交点の座標は,連立方程式の解であることを利用する問題がよく出る。

1 方程式のグラフ　次の方程式のグラフをかきなさい。

(1) $x+2y=4$ 　　　　　　(2) $2y=-6$

注目 まず, 式を $y=\sim$ の形に変形する!

☑ (1) y について解くと,

$y=-\dfrac{1}{2}x+2$ 　傾きが $-\dfrac{1}{2}$,

切片が 2 の直線。　答 右図

☑ (2) y について解くと, $y=-3$

点 $(0, -3)$ を通り, x 軸に平行

な直線。　答 右図

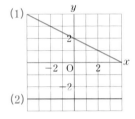

---

2 連立方程式の解とグラフ　次の問いに答えなさい。

右の連立方程式の解を,
グラフをかいて求めなさい。

$$\begin{cases} 2x+y=3 & \cdots① \\ x-2y=4 & \cdots② \end{cases}$$

注目 直線①, ②の交点 ⇒ 連立方程式①, ②の解

☑ ①, ②を変形して,

　　① ⇨ $y=-2x+3$

　　② ⇨ $y=\dfrac{1}{2}x-2$

グラフは右図で, 交点の座標は $(2, -1)$

よって, $x=2$, $y=-1$ … 答

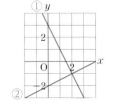

23 1次関数の利用

□ 1│速さ・時間・道のりとグラフ

(1)時間・道のりを求める問題

…右の図で A が B に追いつくときの

時間…交点の x 座標 → m

出発点からの道のり…交点の

y 座標 → n

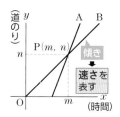

□ 2│図形と1次関数

(1)図形の周上を動く点と面積の問題

…点の位置を**辺ごとに分けて**式を考える。

例 「右の長方形 ABCD で，点 P
は毎秒 1 cm の速さで，A→B
→C→D と動く。点 P が A を
出発し，x 秒後の △APD の面
積を y cm² としたとき，y を x の式で表しなさい。」

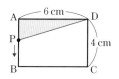

①点 P が辺 AB 上のとき…$y = 3x$ $(0 \leqq x \leqq 4)$

$y = \frac{1}{2} \times 6 \times x$ ~~~~~ 変域を書く

②点 P が辺 BC 上のとき…$y = 12$ $(4 \leqq x \leqq 10)$ ← $\frac{1}{2} \times 6 \times 4 = 12$

③点 P が辺 CD 上のとき

…$y = -3x + 42$ $(10 \leqq x \leqq 14)$

$4 + 6 + 4 = 14$
$y = \frac{1}{2} \times 6 \times (14 - x)$

✎ テストの例題チェック

テストでは 図形の問題のように，x の変域によって式が変わる場合は，式といっしょに必ず変域を書くこと。

1 速さ・時間・道のりとグラフ　次の問いに答えなさい。

弟は，家から P 町までは自転車で，P 町からは歩いて Q 町へ行った。右の図は，そのときの時間と道のりの関係を表したものである。

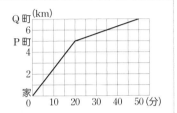

(1) 弟が家から P 町まで行ったときの時速を求めなさい。

(2) 兄は，弟が家を出発してから15 分後に家を出て，自転車で Q 町に向かった。兄の速さが分速0.3 km のとき，兄は家から何 km の地点で弟に追いつくか，グラフをかいて求めなさい。

注目 (2)兄と弟の**グラフの交点**のところで追いつく！

☑(1) 5 km を 20 分で進んでいるから，

$5 \div \dfrac{20}{60} = 15$ で，時速15 km … 答

ミス注意
分速で答えてはだめ！

☑(2) 兄のグラフは，傾きが

$0.3 = \dfrac{3}{10}$ で，右の図のよう
　└ 分速0.3 km

になる。追いつく地点はグラフの交点より，家から 6 km の地点。… 答

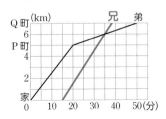

テスト直前 最終チェック！ ▶▶

☑ 1次関数

- y が x の1次式で表される関数。

  1次関数の式

  $$y = ax + b$$

  (a, b は定数　$a \neq 0$)

☑ 1次関数のグラフ

- 1次関数 $y = ax + b$ のグラフは，**傾きが** a，**切片が** b の直線。

  傾き a…変化の割合に等しい。

  切片 b…グラフが y 軸と交わる点の y 座標。

☑ 変化の割合

- **1次関数**

  $y = ax + b$ の変化の割合は一定で，x の係数 a に等しい。

  変化の割合 $= \dfrac{y \text{ の増加量}}{x \text{ の増加量}} = a$

  y の増加量 $= a \times x$ の増加量

☑ 方程式とグラフ

1. **2元1次方程式** $ax + by = c$ のグラフは，直線。

2. $\begin{cases} ax + by = c & \cdots ① \\ a'x + b'y = c' & \cdots ② \end{cases}$

   の連立方程式の解は，直線①，②の交点の座標。

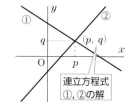

連立方程式
①，②の解

3章　1次関数

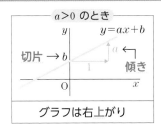

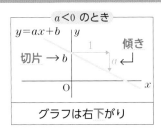

| グラフは右**上**がり | グラフは右**下**がり |

✓ 1次関数の式の求め方

❶ **傾きと通る1点から式を求めるとき**
　①$y=ax+b$ の a に傾きを代入。
　②点の座標の値を代入し、b を求める。

傾きが2で、点(2, 1)を通る直線の式は、

$y=2x+b$ として、点の座標の値を代入

$$1 = 2 \times 2 + b$$

を解いて、$b=-3$だから、

$$y = 2x - 3$$

- -

❷ **通る2点から式を求めるとき**
　①$y=ax+b$ に2点の座標の値を代入。
　②a, b についての連立方程式を解く。

2点(1, 2), (3, 8)を通る直線の式は、

連立方程式 $\begin{cases} 2 = a + b \\ 8 = 3a + b \end{cases}$

を解いて、$a=3$, $b=-1$だから、$y = 3x - 1$

24 平行線と角

☑ 1 | 対頂角の性質

(1)**対頂角** … ２直線が交わってできる角
のうち，向かい合った角。

(2)**対頂角の性質** … 対頂角は等しい。

例 右の図で，∠a ＝∠c

∠b ＝∠d

☑ 2 | 平行線と角の関係

(1)**同位角と錯角** … 右の図で，∠a と
∠c のような位置にある角を**同位角**，
∠b と∠d のような位置にある角を
錯角という。

(2)**平行線の性質** … ２直線が平行ならば，

| 同位角は等しい。
| 錯角は等しい。

(3)**平行線になる条件** … 同位角，または錯角が等しければ，
２直線は平行。

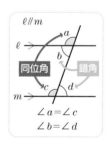

$\ell // m$

∠a ＝∠c

∠b ＝∠d

例 右の図で，∠a の同位角は∠e

∠d の同位角は∠h

∠a の錯角は∠g

∠f の錯角は∠d

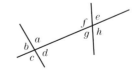

■ テストの例題チェック

テストでは 対頂角，同位角，錯角の性質と，一直線の角度＝180°を使って角度を求める問題の出題が目立つ。

1 対頂角の性質 次の問いに答えなさい。

右の図で，$\angle x$，$\angle y$ の大きさを求めなさい。

注目 **対頂角は等しい！**

☑ 対頂角は等しいから，$\angle x = 70°$ … 答

$55° + 70° + \angle y = 180°$ ────── 一直線の角は 180°

$\angle y = 180° - 55° - 70° = 55°$ … 答

2 平行線と角の関係 次の問いに答えなさい。

右の図で，$\ell /\!/ m$ のとき，$\angle x$，$\angle y$ の大きさを求めなさい。

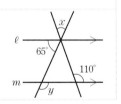

注目 2直線が平行ならば，**同位角，錯角は等しい！**

☑ 右の図で，$\angle a = 65°$ ←対頂角は等しい

$\angle x + 65° = 110°$ ←同位角は等しい

よって，$\angle x = 45°$ … 答

また，$\angle b = 65°$ ←錯角は等しい

$65° + \angle y = 180°$

よって，$\angle y = 115°$ … 答

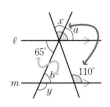

25 三角形の角

☑ 1｜三角形の内角・外角の性質

(1)**三角形の内角の性質** … 3つの内角の

和は180°。

(2)**三角形の外角の性質** … 外角は，それと

となり合わない2つの内角の和に

等しい。

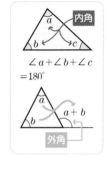

$\angle a + \angle b + \angle c$
$= 180°$

$a + b$

外角

例 　　　左の図の，$\angle x$ の大

きさは，

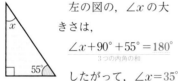

$$\underset{\text{3つの内角の和}}{\angle x + 90° + 55° = 180°}$$

したがって，$\angle x = 35°$

☑ 2｜角と三角形の分類

(1)**鋭角** … 0°より大きく90°より小さい角。

(2)**鈍角** … 90°より大きく180°より小さい角。

(3)**三角形の種類** … 内角によって次の3つに分けられる。

①**鋭角三角形**　　②**直角三角形**　　③**鈍角三角形**

3つの内角がすべて
鋭角

1つの内角が直角

1つの内角が鈍角

✎ テストの例題チェック

テストでは 三角形の外角の性質を利用して角度を求める問題がねらわれやすい。

1 三角形の角の性質　次の問いに答えなさい。

下の図で，$\angle x$ の大きさを求めなさい。

(1)

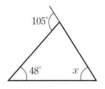

(2)

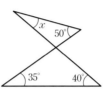

注目 三角形の外角は，それととなり合わない
2つの内角の和に等しい！

☑ **(1)** $48° + \angle x = 105°$ ← 三角形の外角の性質

$\angle x = 105° - 48° = 57°$ … **答**

☑ **(2)** $\angle x + 50° = 35° + 40°$

$\angle x = 25°$ … **答**

∠a は上下の三角形の外角

2 三角形の種類　次の □ にあてはまる言葉を答えなさい。

2つの内角が，50°，30°である三角形は，□ 三角形である。

注目 **残りの内角** を求めて判断する!

☑ 残りの内角の大きさは，$180° - (50° + 30°) = 100°$
　　　　　　　　　　　　　　　　　　　　　　　↑鈍角

したがって，**鈍角**三角形 … **答**

26 多角形の角

☑ 1 | 多角形の内角

(1) 多角形の内角の和 … n 角形の内角の和は,

$$180° \times (n-2)$$

例 八角形の内角の和は,

$$180° \times (\underset{\underset{n=8 \text{を代入}}{\underline{8}} -2) = 1080°$$

例 正十二角形の 1 つの内角の大きさは, 内角の和が,

$$180° \times (12-2) = 1800° \text{ で, 正多角形の内角は}$$

すべて等しいことから, $1800° \div 12 = 150°$

☑ 2 | 多角形の外角の和

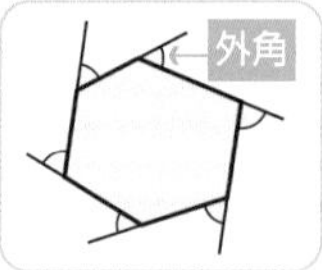

(1) 多角形の外角の和

… (何角形でも) 360°

例 右の図の, $\angle x$ の大きさは,

$$360° - \underset{\underline{\text{外角の和}}}{(70° + 100° + 115°)} = 75°$$

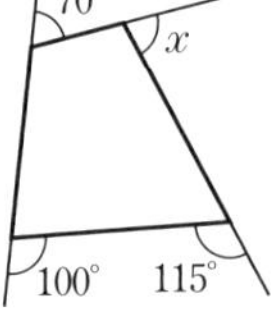

例 多角形の外角の和は360で, 正多角形の

外角はすべて等しいから, 正十二角形

の 1 つの外角の大きさは,

$$360° \underset{\underline{\text{外角の和}}}{\div} 12 = 30°$$

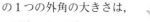

参考

正十二角形の 1 つの外角30°から,

1 つの内角も求められる。

$$180° - 30° = 150°$$

✏️ テストの例題チェック

1 多角形の内角の和 次の問いに答えなさい。

内角の和が1260°である多角形は何角形か求めなさい。

注目 n 角形の内角の和 → $180° \times (n-2)$

☑ n 角形の内角の和を求める式より，

$$180° \times (n-2) = 1260°$$

$$n = 9$$

答 **九**角形

参考

$(n-2)$は，対角線をひいてできる三角形の数。

2 多角形の角 次の問いに答えなさい。

右の図で，$\angle x$ (1)
の大きさをそれぞ
れ求めなさい。

(2)

注目 (1) 多角形の外角の和 → $360°$

☑ (1) 残りの1つの外角は，

$$360° - (85° + 65° + 100°) = 110°$$

$$\angle x = 180° - 110° = 70° \cdots 答$$

☑ (2) 五角形の内角の和は，$540°$
　　　↳$180° \times (5-2)$

残りの1つの内角は，

$$540° - (130° + 110° + 90° + 115°) = 95°$$

$$\angle x = 180° - 95° = 85° \cdots 答$$

参考

上の図で，$\angle a$，
$\angle b$ はどちらも1
つの外角となる。
$\angle a$ と $\angle b$ は，
対頂角なので等しい。

27 平行線と角の利用

☑ 1│平行線と三角形の角の性質を利用する問題

例 右の図で，$\ell /\!/ m$ のとき，
　∠x の大きさを求めなさい。

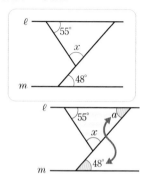

　右下の図で，∠$a = 48°$
だから，
　　　　　　　錯角は等しい

$55° + ∠x + 48° = 180°$
　　　三角形の内角の和

$∠x = 180° - (55° + 48°)$
　　　$= 77°$

☑ 2│補助線を利用する問題

例 右の図で，$\ell /\!/ m$ のとき，
　∠x の大きさを求めなさい。

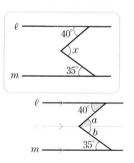

　右下の図のように，ℓ，m に
平行な直線 n をひくと，

　　∠$a = 40°$，∠$b = 35°$
　　　　　錯角は等しい

　よって，∠$x = 40° + 35° = 75°$

〔別解〕

右の図のように直線を延長すると，∠$c = 40°$
三角形の外角の性質より，
　　∠$x = 40° + 35° = 75°$

✏ テストの例題チェック

テストでは 補助線をひいて角度を求める問題は、三角形をつくるか平行な直線をひくかで解けることが多い。

1 平行線と三角形の角の性質の利用　次の問いに答えなさい。

右の図で、$\ell /\!/ m$ のとき、
$\angle x$ の大きさを求めなさい。

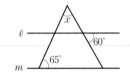

注目 **与えられた角を、1 つの三角形の内角に集める！**

☑ 右の図で、$\angle a = 60°$ ←錯角

だから、三角形の内角の和から、

$$\angle x + 65° + 60° = 180°$$

$$\angle x = 55° \cdots 答$$

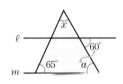

2 補助線の利用　　次の問いに答えなさい。

右の図で、$\angle x$ の大きさを
求めなさい。

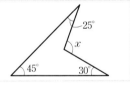

注目 **補助線をひき、2 つの三角形に分ける！**

☑ 右の図のように辺を延長すると、

△ABC の外角の性質から、

$$\angle a = 45° + 25° = 70°$$

よって、△ECD の外角の性質から、

$$\angle x = 70° + 30° = 100° \cdots 答$$

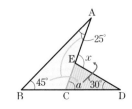

28 合同な図形

☑ 1 | 合同な図形の性質

(1) **合同な図形** … ぴったり重なる2つの図形。

記号≡を使って表す。

(2) **合同な図形の性質**

① 対応する**線分**の長さは等しい。

② 対応する**角**の大きさは等しい。

A   D

合同

B   C   E   F

△ABC≡△DFE

*頂点の対応する順に書く。

例 右上の△ABCと△DFEで，

$$AB = DF \qquad \angle C = \angle E$$

└─── 対応する線分   └─── 対応する角

☑ 2 | 三角形の合同条件

(1) **三角形の合同条件** … 2つの三角形は，次のどれかが成り立つとき，合同である。

① **3組の辺**がそれぞれ等しい。

② **2組の辺**とその**間の角**がそれぞれ等しい。
└── はさむ角

③ **1組の辺**とその**両端の角**がそれぞれ等しい。

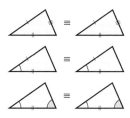

70

✐ テストの例題チェック

1 合同な三角形　次の問いに答えなさい。

右の図の中で，合同な三角形を記号≡を使って表しなさい。

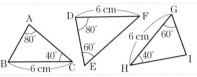

注目 残りの角を求めて**合同条件**から考える！

☑ 残りの角は，∠B＝60°，∠F＝40°，∠I＝80°

　よって，△ABCと△IGHは，**1組の辺とその両端の角がそれぞれ等しい**ので，

　△ABC≡△IGH … **答**

ミス注意
△ABC と △DEF は，BC（6cm）≠EF なので，合同ではない。

2 三角形の合同条件　次の問いに答えなさい。

右の図で，△ABC≡△DBC である。その合同条件を答えなさい。（同じ印の辺や角は等しいとする。）

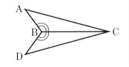

注目 与えられた条件のほかに，**等しい辺や角**をみつける！

☑ 図から，AB＝DB

　∠ABC＝∠DBC

　また，共通な辺だから，BC＝BC

　したがって，合同条件は，**2組の辺とその間の角がそれぞれ等しい**。 … **答**

1辺と1つの角が等しいから，p70の合同条件の②か③のどちらかになると考えられる。

71

29 図形と証明(I)

☑ 1 証明, 仮定, 結論

(1)**証明**…あることがらが成り立つことを, すでにわかって
いることを根拠に, すじ道を立てて説明すること。

(2)**仮定と結論**…「**A ならば B**」のよ
うな形で表されることがらで,
A の部分を**仮定**, B の部分を**結論**
という。

☑ 2 証明の進め方

(1)**証明の手順**

① (図が与えられていない場合は,)図をかく。

②**仮定**(与えられた条件やわかって
いること)と**結論**(証明すること
がら)をはっきりさせる。

③証明する。

根拠を考えながら, **仮定**から**結論**を
導く。

◆根拠となることがらの例
・対頂角の性質
・平行線の性質と条件
・三角形の内角, 外角の性質
・合同な図形の性質と三角形の合同条件

✎ テストの例題チェック

テストでは 仮定と結論をしっかり区別できることが大切。根拠となることがらも，もう一度確認しておう。

1 証明のしくみ 次の □ にあてはまる記号や言葉を答えなさい。

右の図で，AB＝AD，AC＝AE のとき，
∠ACB＝∠AED であることを証明する。

(1) 仮定は，[⑦]

結論は，[④]

(2)〔証明〕 △ABC と△ADE で，

AB＝AD …① AC＝AE …②

また，共通な角だから，∠BAC＝∠DAE …③

①，②，③より，[⑦]から，

△ABC≡△ADE

合同な図形では，[⑦]から，

∠ACB＝∠AED

注目 ⑦，⑦は，その後に続くことがらの**根拠を考える**!

☑(1)「AB＝AD，AC＝AE ならば，

∠ACB＝∠AED」と書きなおせる。

> 必ずしも書きなおす必要はないが，書きなおすとわかりやすくなる。

答 ⑦AB＝AD，AC＝AE

④∠ACB＝∠AED

☑(2)⑦は，①，②，③から，△ABC≡△ADE を導く根拠だから，

「**2組の辺とその間の角がそれぞれ等しい**」…答

⑦は，合同から，∠ACB＝∠AED を導く根拠だから，

「**対応する角の大きさは等しい**」…答

30 図形と証明(2)

☑ **1** 三角形の合同条件を利用した証明

(1)線分の長さや角の大きさが等しいことの証明

… 合同な図形の性質が根拠としてよく使われる。

例 右の図で，OA＝OB，OC＝OD
のとき，∠A＝∠B であること
を証明する。

　　仮定は，OA＝OB，

　　　　　　OC＝OD

　　結論は，∠A＝∠B

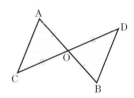

〔**証明**〕 △OAC と△OBD で，

　　仮定より，OA＝OB …①

　　　　　　　OC＝OD …②

　　対頂角は等しいから，

　　　　∠AOC＝∠BOD …③

　　①，②，③より，2 組の辺と
その間の角がそれぞれ等しいので，

　　　　△OAC≡△OBD

　　合同な図形では，対応する

　　角の大きさは等しいので，

　　　　∠A＝∠B

証明の手順

①∠A＝∠B を 導く
ため，**それぞれの
角をもつ 2 つの三
角形をみつける。**

②△OAC と△OBD
について，**等しい
辺や角をみつける。**

③△OAC≡△OBD
を示すための**合同
条件**を決める。

④**合同な図形の性質**
を根拠に，
∠A＝∠B を導く。

■ 三角形の合同条件を利用した証明　次の問いに答えなさい。

右の図のような，AD∥BC
の台形 ABCD がある。AC の
中点を E とし，DE の延長線
と BC との交点を F としたと
き，AD＝CF であることを証
明しなさい。

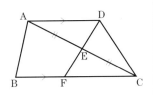

注目　△AED≡△CEF であることを利用する！

〔証明〕　△AED と△CEF で，

仮定より　AE＝CE…①

対頂角は等しいから，

∠AED＝∠CEF…②

AD∥BC で，錯角は等しいから，

∠EAD＝∠ECF…③

①，②，③より，1 組の辺とその両端の角

がそれぞれ等しいから，

△AED≡△CEF

合同な図形では，対応する辺の長さは

等しいから，

AD＝CF
└─結論

「E は AC の中
点」という仮定は，
AE＝CE
と表せる。

ミス注意

ED＝EF など，
与えられていな
い条件を使って
証明してはいけ
ない。

■ 対頂角の性質

対頂角は等しい。

$\angle a = \angle b$

$\angle c = \angle d$

■ 平行線と角

① 同位角と錯角

同位角 錯角

- - - - - - - - - - - - - - - - - -

② 2直線が平行ならば，同位角は等しく，錯角も等しい。

$\ell /\!/ m$ ならば，

$\angle a = \angle d$

$\angle b = \angle c$

③ 同位角，または錯角が等しければ，2直線は平行。

■ 三角形の角

① 三角形の**内角**の和は $180°$

- - - - - - - - - - - - - - - - - -

② 三角形の**外角**は，それととなり合わない**2つの内角の和**に等しい。

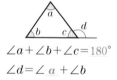

$\angle a + \angle b + \angle c = 180°$

$\angle d = \angle a + \angle b$

■ 多角形の角

① n 角形の**内角の和**

$180° \times (n - 2)$

- - - - - - - - - - - - - - - - - -

② 多角形の**外角の和**は $360°$

← 外角

内角

4章　図形の調べ方

✓ 合同な図形

① 合同な図形では，対応する線分の長さや角の大きさは等しい。

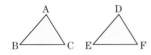

△ABC≡△DEF ならば，
AC＝DF　∠C＝∠F

② 三角形の合同条件

① 3 組の辺がそれぞれ等しい。

② 2 組の辺とその間の角が
それぞれ等しい。

③ 1 組の辺とその両端の角が
それぞれ等しい。

✓ 図形と証明

① 仮定と結論

「A ならば B」のような形
で表されることがらで，
A の部分を仮定，B の部分
を結論という。

② 証明の進め方

仮定から出発し，

↓

正しいと認められたこ
とがらを根拠に，

↓

結論を導く。

31 二等辺三角形の性質

☐ 1 定義と定理

(1)**定義** … ことばの意味をはっきりとのべたもの。

(2)**定理** … 証明されたことがらのうち，よく使われる大切な性質。

☐ 2 二等辺三角形の定義と性質

(1)**二等辺三角形の定義** … 2辺が等しい三角形を**二等辺三角形**
という。

(2)**二等辺三角形の角や辺**
● 頂角 … 等しい辺の間の角
● 底辺 … 頂角に対する辺
● 底角 … 底辺の両端の角

(3)**二等辺三角形の性質**

① 2つの**底角は等しい**。（定理）

②**頂角の二等分線**は，**底辺を垂直に
2等分する**。（定理）

例 右の図で，BA＝BC のとき，∠x の大きさを求める。

△ABC は二等辺三角形だから，

∠A＝∠C

よって，∠x＋∠x＝140°より，

∠x＝70°

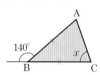

└─ 三角形の外角の性質

✎ テストの例題チェック

テストでは 証明だけでなく，二等辺三角形の性質を利用して，角の大きさを求める問題もよく出る。

1 底角の性質の利用 次の問いに答えなさい。

右の図で，$\angle x$ の大きさを求めなさい。

（同じ印をつけた辺は等しい）

注目 二等辺三角形の**底角は等しい**。

☑ △ABC は二等辺三角形だから， ┌ CA＝CB

$\underbrace{70° + 70°}_{\angle A = \angle B} + \angle x = 180° \rightarrow \angle x = 40° \cdots$**答**

三角形の内角の和は180°

2 頂角の二等分線の性質の利用 次の問いに答えなさい。

右の図のように，2つの二等辺三角形 △ABC，△PBC がある。頂点 A，P を通る直線 AD は，底辺 BC の垂直二等分線であることを証明しなさい。

注目 二等辺三角形の頂角の二等分線は，**底辺を垂直に2等分！**

☑ 〔証明〕 △ABP と △ACP で，

AB＝AC, PB＝PC, AP＝AP
　　　└ 仮定 ────── └ 共通の辺

3組の辺がそれぞれ等しいので，

　　　△ABP≡△ACP

よって，∠BAP＝**∠CAP**

　　AD は二等辺三角形 ABC の頂角の二等分線だから，

AD⊥BC, BD＝**CD**

この2つの三角形の合同を利用し，∠BAP＝∠CAP を導く。

5章

79

32 二等辺三角形になるための条件

□ 1 | 二等辺三角形になるための条件

(1)条件 … 三角形は，次のどちらかが成り立てば，
二等辺三角形である。

① **2辺が等しい。**（定義）

② **2角が等しい。**（定理）

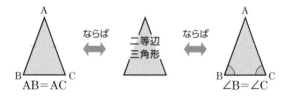

例 右の図の AB＝AC の二等辺三角
形 ABC で，底角∠ABC，∠ACB
の二等分線の交点を D とする
とき，△DBC が二等辺三角形
になることを証明する。

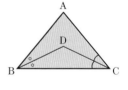

〔**証明**〕 △ABC で，∠ABC＝∠ACB ……①
　　　　　　　　　　　　2つの底角は等しい

　　△DBC で，∠DBC＝$\frac{1}{2}$∠ABC …②
　　　　　　　　　　　　　　　　　　　　DB，DC は，
　　　　∠DCB＝$\frac{1}{2}$∠ACB …③　　角の二等分線

　①，②，③より，∠DBC＝∠DCB

　　したがって，△DBC は，**2角が等しい**ので二等辺三角形
である。
　　　　　　　　　　　　条件を利用

✎ テストの例題チェック

テストでは 二等辺三角形の性質とあわせて，二等辺三角形の定義や定理，条件を整理して，使いこなそう。

1 二等辺三角形になることの証明 次の問いに答えなさい。

右の図で，△ABC は AB＝AC の二等
辺三角形である。辺 AB，AC の中点を
D，E とし，BE，CD の交点を F とした
とき，△FBC は二等辺三角形になること
を証明しなさい。

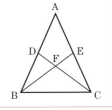

注目 2つの三角形の合同 から，2角が等しいことを導く！

☐〔証明〕 △DBC と△ECB で，

DB＝$\frac{1}{2}$AB，EC＝$\frac{1}{2}$AC，

AB＝AC だから，

DB＝EC　…①

また，二等辺三角形の2つの底角は等しい
から，

∠DBC＝∠ECB　　　…②

共通な辺だから，BC＝CB　…③

①，②，③より，2組の辺とその間の角が
それぞれ等しいので，

△DBC≡△ECB

よって，∠FCB＝∠FBC

したがって，△FBC は2角が等しいので，
二等辺三角形である。

この2つの三角
形の合同を利用
して，
△FBC の2角が
等しいことを導
く。

合同な図形では，
対応する角の大
きさは等しい。

33 正三角形

□ 1 正三角形の定義と性質

(1) **正三角形の定義** … 3辺が等しい三角形を
正三角形という。

(2) **正三角形の性質** … 3つの内角は等しい。

(3) **正三角形と二等辺三角形**
… 正三角形は，二等辺三角形の性質をすべ
てもっている。

例 正三角形になる二等辺三角形

● 頂角が60°の二等辺三角形 ← 2つの底角も60°

● 底角が60°の二等辺三角形 ← 頂角も60°

□ 2 定理の逆

(1) **定理の逆** … ある定理の**仮定と結論を入
れかえた**とき，一方を他方の**逆**とい
う。正しいことの逆はいつでも正しい
とは限らない。

例 「△ABC で，AB＝AC ならば，∠B＝∠C である。」
の逆は，

「△ABC で，∠B＝∠C ならば，AB＝AC である。」

これは，∠B＝∠C ならば，△ABC は二等辺三角形だか
ら，AB＝AC といえるので正しい。

✎ テストの例題チェック

❶ 正三角形の性質の証明　次の問いに答えなさい。

正三角形 ABC で，3 つの内角が等しいことを証明しなさい。

注目 二等辺三角形の性質 を使う！

☐〔証明〕 △ABC は，AB＝AC の二等辺三角形といえるから，∠B＝∠C …①

また，BA＝BC の二等辺三角形ともいえるから，∠A＝∠C …②

①，②より，∠A＝∠B＝∠C

> △ABC は正三角形だから，仮定は，定義より，AB＝BC＝CA

❷ 定理の逆　次の問いに答えなさい。

次のことがらの逆を答えなさい。また，それが正しいかどうかを答えなさい。

「△ABC と△DEF で，△ABC≡△DEF ならば，∠A＝∠D である。」

注目 反例が 1 つでもあれば，正しくない！

☐逆…「△ABC と△DEF で，∠A＝∠D ならば，△ABC≡△DEF である。」

∠A＝∠D だけでは，三角形の合同条件にならないので，正しくない。…答

> **参考**
> 成り立たない例をあげることを，**「反例をあげる」** という。

34 直角三角形の合同

□ 1 直角三角形の定義

(1) **直角三角形の定義** … 1 つの角が**直角**である

三角形を**直角三角形**という。

斜辺
↓

(2) **斜辺** … 直角に対する辺。

例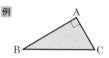

左の直角三角形 ABC で、

斜辺は、辺 **BC**。

└─ 直角に対する辺

□ 2 直角三角形の合同条件

(1) **直角三角形の合同条件** … 次のどちらかが成り立てば、2 つの

直角三角形は合同。

① **斜辺と 1 つの鋭角**がそれぞれ

等しい。

└─ 90°より小さい角

② **斜辺と他の 1 辺**がそれぞれ等

しい。

例 右の 2 つの直角三角形で、

AC＝DE のとき、

△ABC≡△DFE といえる

ために必要な条件は、

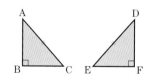

∠A＝∠D や、AB＝**DF** などがある。

∠C＝∠E でもよい　　　BC＝FE でもよい

✐ テストの例題チェック

テストでは 直角三角形の合同条件を利用した問題は出題率が高い。しっかり頭に入れておこう！

1 合同な直角三角形　次の問いに答えなさい。

右の2つの三角形は，合同であるといえるか，答えなさい。

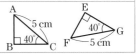

注目 **直角三角形の合同条件** にあてはまれば合同！

☑ AC＝FG＝5cm，∠C＝∠G＝40°で，直角三角形の斜辺と**1つの鋭角**がそれぞれ等しいので，2つの三角形は合同で**ある**。… 答

参考

直角三角形の直角以外の2つの角は，どちらも鋭角。

2 直角三角形の合同条件の利用　次の問いに答えなさい。

右の△ABCで，辺BCの中点Mと点Aを通る直線に，点C，Bから垂線をひき，その交点をD，Eとしたとき，BE＝CDであることを証明しなさい。

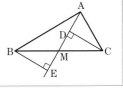

注目 BE，CDをふくむ**直角三角形の合同**を利用！

☑〔証明〕　△BEMと△CDMで，

　　　　　　　　　———— 直角であることは必ず示す

∠BEM＝∠CDM＝90°…① —— BM＝CM …②

対頂角は等しいから，∠BME＝**∠CMD**……③

①，②，③より，直角三角形の斜辺と**1つの鋭角**がそれぞれ等しいので，△BEM≡△CDM

よって，BE＝CD

5章

85

㉟ 平行四辺形の性質

□ 1 平行四辺形の定義と性質

(1)**平行四辺形の定義** … 2組の対辺がそれぞれ

平行な四角形を

平行四辺形という。

（たいへん 向かい合う辺）

(2)**平行四辺形の性質** … 次の3つの性質がある。（定理）

①2組の**対辺はそれぞれ等しい**。

②2組の**対角はそれぞれ等しい**。

（たいかく 向かい合う角）

③**対角線はそれぞれの中点で交わる**。

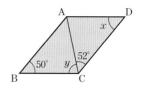

例 右の□ABCDで，

（平行四辺形 ABCD を表す）

∠B＝50°，∠ACD＝52°

のときの∠x，∠yの大きさを

求める。

平行四辺形の対角は等しいから，

∠x＝∠B＝50°

AB∥DCで，錯角（さっかく）は等しい

から，

∠BAC＝∠ACD＝52°

△ABCの内角の和は180°

だから，

∠y＋50°＋52°＝180°

∠y＝78°

〔別解〕
「平行四辺形のとなり
合う角の和は180°」を
利用しても求められる。

同位角

50°＋∠y＋52°＝180°

∠y＝78°

✎ テストの例題チェック

テストでは 平行四辺形の性質を利用する問題では，平行線の錯角が等しいこともよく使われる。

1 平行四辺形の性質の利用　次の問いに答えなさい。

右の□ABCD で，辺 BC の中点を M，AB の延長線と DM の延長線の交点を E としたとき，AB＝BE であることを証明しなさい。

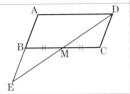

注目 平行四辺形の**対辺は等しい** ことを利用！

□〔証明〕 △BEM と△CDM で，

　　　BM＝CM　　　…①

　　対頂角は等しいから，

　　　∠BME＝∠CMD　…②

　　AE∥DC だから，

　　　∠EBM＝∠DCM　…③

①，②，③より，**1 組の辺とその両端の角**がそれぞれ等しいから，

　　　△BEM≡△CDM

　　これより，BE＝CD　…④

　四角形 ABCD は平行四辺形だから，

　　　AB＝CD　　　　…⑤

④，⑤より，AB＝BE

仮定より，M は辺 BC の中点。

錯角は等しい。

合同な図形では，対応する線分の長さは等しい。

平行四辺形の対辺の長さは等しい。

🖊 **ミス注意**

証明では，たとえ辺の長さをはかって等しくても，与えられた条件や図形の性質でなければ使ってはいけない。

36 平行四辺形になるための条件

1 平行四辺形になるための条件

(1)**条件** … 四角形は，次のどれかが成り立てば，平行四辺形である。

① 2組の**対辺**がそれぞれ**平行**。
（定義）

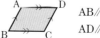

AB∥DC
AD∥BC

② 2組の**対辺**がそれぞれ**等しい**。（性質の逆）

AB＝DC
AD＝BC

③ 2組の**対角**がそれぞれ**等しい**。（性質の逆）

∠A＝∠C
∠B＝∠D

④ **対角線**がそれぞれの**中点で交わる**。（性質の逆）

AO＝CO
BO＝DO

⑤ 1組の**対辺**が**平行**で**長さが等しい**。

AD∥BC
AD＝BC

例 次の四角形 ABCD が，平行四辺形であるといえるか調べる。

　① AB∥DC，AD＝5cm，BC＝5cm

→ 平行四辺形と**いえない**。

　② ∠A＝70°，∠B＝110°，∠C＝70°，∠D＝110°

→ 平行四辺形と**いえる**。

2組の対角がそれぞれ等しい

✎ テストの例題チェック

テストでは 平行四辺形であることを証明する問題では、条件⑤を使うとよい場合が多い。

1 平行四辺形であることの証明 　次の問いに答えなさい。

右の図のように，▱ABCD の
対角線 AC に，点B，D から垂線
BE，DF をひく。このとき，四角
形 EBFD は平行四辺形であるこ
とを証明しなさい。

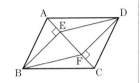

注目 「1 組の対辺が平行で長さが等しい」を導くとよい！

〔証明〕 △ABE と△CDF で，

∠AEB＝∠CFD＝90° …①

平行四辺形の対辺は等しいから，

AB＝CD 　　　　　…②

AB∥DC だから，

∠BAE＝∠DCF 　　…③

①，②，③より，直角三角形の斜辺と
1 つの鋭角 がそれぞれ等しいから，

△ABE≡△CDF

よって，BE＝DF 　　　…④

また，∠BEF＝∠DFE＝90° だから，

BE∥DF 　　　　　…⑤

④，⑤より，1 組の対辺が平行で長さが等
しいから，四角形 EBFD は平行四辺形である。

証明のしかたは，
ほかにもいろい
ろある。

直角三角形の
合同をいうので，
必ず示す。

錯角は等しい。

直角三角形の
合同条件

錯角が等しいか
ら，平行といえ
る。

5章

37 特別な平行四辺形

1 長方形・ひし形・正方形の定義と性質

(1) 長方形・ひし形・正方形の定義

- 長方形 … **4つの角が等しい**四角形。
- ひし形 … **4つの辺が等しい**四角形。
- 正方形 … **4つの角が等しく，4つの辺が等しい**四角形。

(2) 平行四辺形との関係 … 長方形・ひし形・正方形は，
平行四辺形の性質をすべてもっている。

(3) 対角線の性質 … 次のような性質がある。

- 長方形 … 対角線の**長さは等しい。**

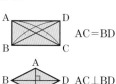

AC＝BD

- ひし形 … 対角線は**垂直に交わる。**

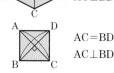

AC⊥BD

- 正方形 … 対角線の**長さは等しく，垂直に交わる。**

AC＝BD
AC⊥BD

＊長方形とひし形の両方の性質をもっている。

例 長方形・ひし形・正方形
の関係を図に表すと，
右のようになる。

✏️ テストの例題チェック

> **テストでは** 長方形・ひし形・正方形は，平行四辺形のすべての性質をもっていることをしっかり覚えておこう。

1 長方形の性質と条件　　次の問いに答えなさい。

「対角線の長さが等しい四角形は長方形である。」は正しいといえるか，答えなさい。

注目 反例 があるかどうかを考える！

▢ 右の図のように，長方形でない場合もある。

参考

問題の「四角形」を「平行四辺形」に変えれば正しい。

答 正しくない

2 ひし形の定義・性質の利用　　次の問いに答えなさい。

右の図のように，ひし形 ABCD の頂点 A から，辺 BC，CD に垂線 AE，AF をひいた。このとき，AE＝AF であることを証明しなさい。

注目 ひし形は，**平行四辺形の性質をもっている**！

▢ 〔証明〕　△ABE と△ADF で，

　　　∠AEB＝∠AFD＝90°　　　　…①

　　四角形 ABCD はひし形だから，

　　　AB＝AD…②　　∠B＝∠D …③

ひし形は平行四辺形の特別な形だから，対角は等しい。

　　①，②，③より，直角三角形の斜辺と **1 つの鋭角**がそれぞれ等しいから，△ABE≡△ADF　　よって，AE＝AF

5章

38 平行線と面積

1 | 平行線と距離

(1) **平行線と距離**…(きょり) 右の図で，

$\ell /\!/ m$ ならば，**AP＝BQ**
↑
平行線間の距離は 定

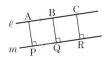

例 右の図で，$\ell /\!/ m$，AP＝8 cm

のとき，BQ＝ 8 cm

CR＝ 8 cm

2 | 平行線と面積

(1) **平行線と面積**…右の図で，

① PQ∥AB ならば，

△PAB＝△QAB ←
→2つの三角形の面積は等しいことを表す

② △PAB＝△QAB ならば，

PQ∥AB

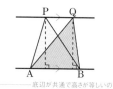

底辺が共通で高さが等しいの
で，面積は等しい

例 右の図で，$\ell /\!/ m$ のとき，

△PAB＝△QAB
底辺 AB が共通，高さは ℓ と m の
距離で等しい

△PAQ＝△PBQ
底辺 PQ が共通，高さは ℓ と m の
距離で等しい

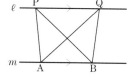

✏️ テストの例題チェック

テストでは 面積の等しい三角形をみつける問題，面積を変えずに図形を変形する問題がねらわれる。

1 面積が等しい三角形　次の問いに答えなさい。

右の図で，AB//DC であり，点 M は辺
AB の中点である。このとき，△AMD と
面積が等しい三角形をすべて答えなさい。

注目 底辺が共通で高さが等しい三角形をみつける！

☐ △AMC は，底辺 AM が共通で，
AM//DC だから，面積は等しい。

AM＝MB で，MB//DC だから，
△MBD，△MBC も，面積は等しい。

答 △AMC，△MBD，△MBC

平行線間の距離
（高さ）が等しい。

2 面積を変えずに図形を変形する　次の問いに答えなさい。

右の図のように，長方形が折れ線 ABC で
⑦，①に分けられている。点 A を通り，⑦，
①の面積を変えないような直線をひきなさい。

注目 △ABC＝△ADC になるような点 D を考える。

☐ 点 B を通り，直線 AC に **平行** な直線をひき，
長方形の下の辺との交点 D を求めて，
直線 AD をひく。　　　**答** 右図

5章

93

テスト直前 最終チェック！ ▶▶▶

■ 二等辺三角形

① **定義**… 2 辺が等しい
三角形。

AB＝AC

頂角

底角

B　　　C
└ 底辺

- - - - - - - - - - - - - - - - - - - -

② **性質**
①底角は等しい。
②頂角の二等分線は
底辺を垂直に 2 等分。

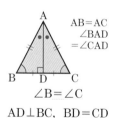

AB＝AC
∠BAD
＝∠CAD

∠B＝∠C

AD⊥BC，BD＝CD

- - - - - - - - - - - - - - - - - - - -

③ 二等辺三角形になる条件
… 2 辺または 2 角が
等しい。

■ 正三角形

① **定義**… 3 辺が等しい
三角形。

- - - - - - - - - - - - - - - - - - - -

② **性質**… 3 つの内角は
等しい。

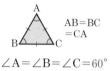

AB＝BC
＝CA

∠A＝∠B＝∠C＝60°

■ 直角三角形の合同条件

① 斜辺と 1 つの鋭角が
それぞれ等しい。

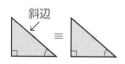

斜辺

≡

- - - - - - - - - - - - - - - - - - - -

② 斜辺と他の 1 辺が
それぞれ等しい。

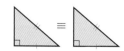

≡

5章　図形の性質

■ 平行四辺形

❶ 定義…2 組の対辺がそれ
ぞれ**平行**な
四角形。

❷ 性質
①2 組の
対辺はそれぞれ等しい。
②2 組の**対角はそれぞれ**
等しい。
③**対角線**はそれぞれの
中点で交わる。

❸ 平行四辺形になる条件
①2 組の対辺がそれぞれ**平行**。
②2 組の対辺がそれぞれ
等しい。
③2 組の**対角**がそれぞれ
等しい。
④対角線がそれぞれの**中点で**
交わる。
⑤1 組の対辺が**平行**で**長さ**が
等しい。

■ 特別な平行四辺形

❶ 定義　①長方形…4 つの
角が等しい四角形。
②ひし形…4 つの**辺**が等
しい四角形。
③正方形…4 つの角と辺
がすべて等しい四角形。

❷ 対角線の性質

長方形　　　　ひし形

　正方形

■ 平行線と面積

● 右の図で，PQ∥AB ならば，
$\triangle$**PAB** = $\triangle$**QAB**

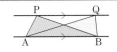

39 確率の求め方(I)

☑ 1│確率の求め方

(1)**同様に確からしい** … どの場合が起こることも同じ程度であると考えられるとき，**同様に確からしい**という。

(2)**確率の求め方** … 起こりうるすべての場合が n 通りあり，そのどれが起こることも，同様に確からしいとする。

そのうち，Aの起こる場合が a 通りあるとき，

A の起こる確率 p ➡ $p = \dfrac{a}{n}$ ←A の起こる場合の数
←すべての場合の数

例 $\boxed{1}$, $\boxed{2}$, $\boxed{3}$ のカードから，1枚ひいて $\boxed{2}$ のカードが

出る確率は，$\dfrac{1}{3}$ ←$\boxed{2}$が出る場合は 1 通り
←すべての場合は，$\boxed{1}$, $\boxed{2}$, $\boxed{3}$の3通り

☑ 2│確率の性質

(1)**確率 p の範囲** … あることがらの起こる確率を

p とすると，$0 \leqq p \leqq 1$

● 必ず起こる確率 ➡ $p = 1$

● けっして起こらない確率 ➡ $p = 0$

例 $\boxed{1}$, $\boxed{2}$, $\boxed{3}$, $\boxed{4}$ のカードから 1 枚ひくとき，

① ひいたカードの数字が 4 以下である確率は，1
└すべてのカードがあてはまる

② ひいたカードの数字が 5 である確率は，0
└けっして起こらない

✎ テストの例題チェック

1 確率の求め方　次の確率を求めなさい。

ジョーカーをのぞく52枚のトランプから1枚ひくとき，そのカードがキングである確率。

注目 確率 = $\dfrac{\text{あることがらの起こる場合の数}}{\text{すべての場合の数}}$

☑ 52枚から1枚ひくひき方は52通り。

キングをひくひき方は4通り。　　　　　　　　　　キングは，♥，♦，♣，♠の4枚ある。

よって，確率は，$\dfrac{4}{52}=\dfrac{1}{13}$ …答

2 確率の性質　次の問いに答えなさい。

1個のさいころを投げるとき，次の確率を求めなさい。

(1) 6以下の目が出る確率

(2) 0の目が出る確率

注目 条件にあてはまる場合の数を考える！

☑ (1) 1から6のどの目が出ても条件にあてはまるから，確率は 1 …答　　　　　目の出方は6通りあるから，

確率は，$\dfrac{6}{6}=1$

☑ (2) 0の目が出ることはけっしてないから，

確率は 0 …答

$\dfrac{0}{6}=0$

40 確率の求め方(2)

1│並べ方と確率

(1)並べ方と確率…樹形図を利用して，すべての場合をかき出す。

例 ②, ④, ⑥の3枚のカードから2枚選んでできる2けたの
整数は，次のように全部で6通りある。

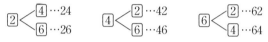

2│組み合わせと確率

(1)組み合わせと確率…表または樹形図を使い，**同じ組み合わせ
のものをのぞいて**求める。

例 A，B，Cの3人の中から，2人の当番を選ぶとき，Aが当
番に選ばれる確率を求める。

右の表から，2人の組み合わせは
次のようになる。

{A，B}，{A，C}，{B，C}

└─ {A, B} と {B, A} などは同じ組み
合わせなので，区別しない

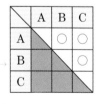

すべての場合の数は3通りで，Aが選ばれるのは

2通りだから，確率は，$\dfrac{2}{3}$

---

1 並べ方と確率 次の確率を求めなさい。

　1, 2, 3, 4の4枚のカードから2枚選んで2けたの整数をつくるとき、できた整数が6の倍数になる確率。

注目 まず、**樹形図を利用してすべての場合をかき出す!**

☑ 右の樹形図より、できる整数は全部で
12通り。そのうち、6の倍数になるのは、
12、24、42の3通りだから、

確率は、$\dfrac{3}{12} = \dfrac{1}{4}$ …**答**

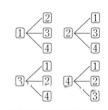

---

2 組み合わせと確率 次の確率を求めなさい。

　1, 2, 3, 4の4枚のカードから同時に2枚取り出すとき、少なくとも一方が奇数である確率。

注目 数字の組み合わせで**同じものはのぞく!**

☑ 右の表から、2枚のカードの組み合わせは、
次のように6通りある。

　{1, 2}, {1, 3}, {1, 4},
　{2, 3}, {2, 4}, {3, 4}

少なくとも一方が奇数の場合は5通り
　　　　↑2枚とも偶数の場合以外とも考えられる
あるから、確率は、$\dfrac{5}{6}$ …**答**

41 確率の求め方(3)

☑ 1│さいころと確率

(1) 2つのさいころを同時に投げるときの目の出方
… すべての場合の数は，<u>36通り</u>。

> A，B 2つのさいころで，Aの目の出方は6通りあり，そのそれ
> ぞれについて，Bの目の出方も6通りあるから，目の出方のす
> べての場合の数は，6×6=36（通り）

例 大小2つのさいころを同時に投げて，出た目の数の和が12に

なる確率は，$\dfrac{1}{36}$ ←(6, 6) の1通り
←すべての場合の数

☑ 2│くじびきと確率

(1) くじびきで当たる確率 … 当たりくじとはずれくじの2種類
あるから，**くじに番号をつけて**ちがいを明らかにする。

例 4本のうち当たりくじが1本入っているくじを，A，Bの
2人が順にひいたとき，Bが当たる確率を求める。
当たりくじを①，はずれくじを2，3，4として樹形図をか
くと，すべての場合の数は，次のように12通り。

A B   A B   A B   A B
①< 2   2< ①   3< ①   4< ①   Bが当たるのは3通
   3   3   2   2
   4   4   4   3   りだから，

Bが当たる確率は，$\dfrac{3}{12}=\dfrac{1}{4}$ ←Aの当たる確率も同じ

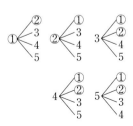

✎ テストの例題チェック

テストでは どちらの問題もねらわれやすい。くじびきと確率の問題では，全部のくじを区別して考えることが大切。

1 さいころと確率　次の確率を求めなさい。

大小2つのさいころを同時に投げるとき，出た目の数の和が9になる確率。

注目 目の出方のすべての場合の数は，**36通り**！

☑ 目の出方は全部で36通りあり，目の数の和が9になるのは，〔3, 6〕，〔4, 5〕，〔5, 4〕，〔6, 3〕の4通りあるから，確率は，

$$\frac{4}{36} = \frac{1}{9} \cdots 答$$

大\小	1	2	3	4	5	6
1	2	3	4	5	6	7
2	3	4	5	6	7	8
3	4	5	6	7	8	9
4	5	6	7	8	9	10
5	6	7	8	9	10	11
6	7	8	9	10	11	12

2 くじびきと確率　次の確率を求めなさい。

5本のうち当たりくじが2本入っているくじを，続けて2回ひいたとき，2本とも当たる確率。

注目 くじ1本ずつに**番号をつけ**，樹形図を使って調べる！

☑ 当たりくじを①，②，はずれくじを3，4，5として樹形図をかくと，すべての場合の数は20通り。2本とも当たるのは2通りだから，確率は，

$$\frac{2}{20} = \frac{1}{10} \cdots 答$$

6章

42 確率の求め方(4)

□ 1│玉の取り出し方と確率

(1)**玉を取り出すときの場合の数** … 玉1個ずつに**番号をつけ**,
区別して調べる。

例 赤玉3個,青玉2個,白玉1個の入った袋の中から玉を
1個取り出すとき,その玉が青玉か白玉である確率を求める。

玉の取り出し方は全部で,

$3+2+1=6$(通り)

① ② ③ ← 同じ色の玉でも
④ ⑤ ○   区別して番号を
            つけて考える

青玉か白玉の場合は,$2+1=3$(通り)だから,

確率は,$\dfrac{3}{6}=\dfrac{1}{2}$

□ 2│あることがらが起こらない確率

(1)**あることがらが起こらない確率** … ことがら A の起こる
確率を p とすると,

p(A の起こる確率)+A の起こらない確率=1

だから,**A の起こらない確率**$=1-p$

例 当たる確率が $\dfrac{1}{5}$ であるくじを1本ひくとき,

ひいたくじが当たらない確率は,

$1-\dfrac{1}{5}=\dfrac{4}{5}$

└ 当たる確率

✎ テストの例題チェック

テストでは 玉の取り出し方と確率の問題はよく出る。玉を1個ずつ区別して場合の数を調べることが大切。

■ 玉を取り出す確率　次の確率を求めなさい。

袋の中に，赤玉が 3 個，青玉が 2 個入っている。この中から同時に 2 個取り出すとき，2 個とも赤玉である確率。

注目 それぞれの玉に**番号をつけて**，組み合わせを考える!

赤玉を ①，②，③，青玉を ④，⑤ とすると，2 個の組み合わせは右の表から 10 通り，2 個とも赤玉の組み合わせは 3 通りある。

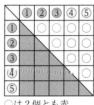

○は 2 個とも赤

したがって，確率は，$\dfrac{3}{10}$ … 答

■ あることがらが起こらない確率　次の確率を求めなさい。

3 枚の硬貨 A，B，C を同時に投げるとき，少なくとも 1 枚は表が出る確率。

注目 **3 枚とも裏にならない場合**と考えて求める!

「少なくとも 1 枚は表」は，「3 枚とも裏にならない」場合と同じことである。

右の図からすべての場合の数は 8 通りで，

3 枚とも裏になる確率は $\dfrac{1}{8}$ だから，

求める確率は，$1 - \dfrac{1}{8} = \dfrac{7}{8}$ … 答

テスト直前 最終チェック！ ▶▶

■ 確率

① 確率の求め方

起こりうるすべての場合が n 通りで，そのうち，A の起こる場合が a 通りのとき，A の起こる確率 p は，

$$p = \frac{a}{n}$$

10本のうち当たりくじが3本あるくじを，1回ひいたときに当たりをひく確率

$$\frac{3}{10} \begin{array}{l} \leftarrow \text{当たる場合の数} \\ \leftarrow \text{すべての場合の数} \end{array}$$

② 確率の性質

あることがらの起こる確率 p の範囲は，

$$0 \leqq p \leqq 1$$

● けっして起こらない確率
$$p = 0$$
● 必ず起こる確率 $p = 1$

③ あることがらが起こらない確率

ことがら A の起こる確率を p とすると，

A の起こらない確率 $= 1 - p$

当たる確率が $\frac{1}{9}$ のくじを1本ひくとき，当たらない確率 $1 - \frac{1}{9} = \frac{8}{9}$

6章　確率

☑ 場合の数の求め方

❶ 場合の数を求める

樹形図や表を利用して，起こりうるすべての場合の数と，あることがらの起こる場合の数を調べる。

①並べ方の場合の数　　**樹形図**を使うとよい。

1, 2, 3の3枚のカードから
2枚選んで2けたの整数をつくる
とき，できる整数は右の樹形図か
ら，6通りとわかる。

樹形図

②組み合わせの場合の数　　重複に注意して求める。

A，B，C，Dの4人から委員を
2人選ぶとき，その選び方は，
{A，B}，{A，C}，{A，D}，
{B，C}，{B，D}，{C，D}
の6通り。

{A, B}と{B, A}などは同じ組み合わせ

❷ 確率でよくあつかう場合の数

- 大小2つのさいころの目の出方　　36通り
  (6×6)
- 硬貨を投げるときの表・裏の出方

  2枚のとき → 4通り　　3枚のとき → 8通り
  　　　　　(2×2)　　　　　　　　(2×2×2)

43 四分位数と箱ひげ図

1 四分位数と箱ひげ図

(1)**四分位数**…データを，中央値を境に前半と後半に分けたとき，前半のデータの中央値を**第1四分位数**，データ全体の中央値を**第2四分位数**，後半のデータの中央値を**第3四分位数**という。

(2)**四分位範囲**…第3四分位数と第1四分位数の差。

（四分位範囲）＝（第3四分位数）－（第1四分位数）

例 9人のテストの結果の四分位数を求める。

$$\boxed{10,\ 30,\ |\ 40,\ 50,}\ 60,\ \boxed{70,\ 70,\ |\ 80,\ 90}\ （点）$$

第1四分位数　　第2四分位数　　第3四分位数

$\dfrac{30+40}{2}=35$（点）　　（中央値）　　$\dfrac{70+80}{2}=75$（点）

60（点）

(3)**箱ひげ図**…四分位数を，最小値，最大値とともに図に表したもの。

例 上の9人のテストの結果の箱ひげ図

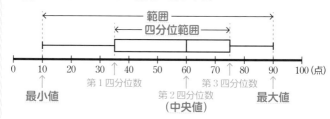

✎ テストの例題チェック

> **テストでは** 箱ひげ図をかくためにも，四分位数が必要。四分位数の求め方を確実に覚えておこう。

1 四分位数と箱ひげ図　　次の問いに答えなさい。

右のデータは，10人の小テストの得点である。

7	4	10	3	5
9	4	8	2	7

(点)

(1) 四分位数を求めなさい。

(2) 四分位範囲を求めなさい。

(3) 箱ひげ図をかきなさい。

注目 まずは，データを**値の小さい順**に並べかえる！

データを小さい順に並べると，

$$\underbrace{2,\ 3,\ 4,\ 4,\ 5,}_{\text{前半}}\ \underbrace{7,\ 7,\ 8,\ 9,\ 10}_{\text{後半}}\ (点)$$

☑(1) 第2四分位数はデータ全体の中央値

→ $\dfrac{5+7}{2}=6$ (点) … **答**

第1四分位数は前半のデータの中央値

→ 4 (点) … **答**

第3四分位数は後半のデータの中央値 → 8 (点) … **答**

> データの個数が偶数だから，中央に並ぶ2つの値の平均が中央値。

☑(2) (四分位範囲)＝(第3四分位数)－(第1四分位数)

$8-4=4$ (点) … **答**

☑(3) 最小値は2 (点)，最大値は10 (点)

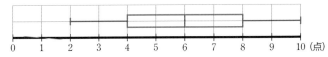

107

44 データの分布

□ 1 ヒストグラムと箱ひげ図の関係

(1) ヒストグラムと箱ひげ図 … ヒストグラムは**データの分布のよう
すや最頻値**はわかりやすいが，中央値はわかりにくい。

一方，箱ひげ図は**中央値を基準にした分布のようす**がとらえ
やすい。

例

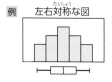
左右対称な図

右にかたよった図

左にかたよった図

□ 2 データの分布

(1) 箱ひげ図の特徴 … 箱ひげ図はデータの分布のようすをとらえ
ることができるとともに，複数のデータを一度に比べやすい
という特徴がある。

例 右の箱ひげ図は，A，
B組(各30人)の生徒
のテストの得点を
表したものである。

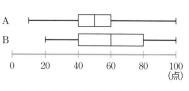

この図から，60点以上の人は **B** 組のほうが多いこと，
範囲は **A** 組のほうが大きいことなどがわかる。
└ のびた線の左端から右端までの長さで比べる

✏ テストの例題チェック

テストでは 箱ひげ図の箱にはデータ全体のほぼ半分がふくまれる。残りはそれぞれのひげにふくまれる。

1 ヒストグラムと箱ひげ図　　次の問いに答えなさい。

下のヒストグラムは，⑦～⑤のどの箱ひげ図と対応していますか。

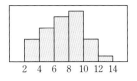 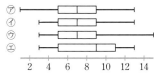

注目 箱ひげ図の，**ひげの長さと中央値**に着目する!

☑ ⑦～⑤は，箱の長さと中央値が同じ箱ひげ図だが，⑦は**最小値**が，⑤は**最大値**がヒストグラムと異なる。また，ヒストグラムから，値が 8 未満のデータの数は 8 以上のデータの数より多いため，中央値は 8 より小さい。よって，正解は**⑥**。 … **答**

2 データの分布　　次の問いに答えなさい。

p108の A，B 組の箱ひげ図について，四分位範囲が大きいのはどちらの組ですか。

注目 箱ひげ図で，**箱の長さが四分位範囲**!

☑ 箱ひげ図より，四分位範囲は，A 組が**20**（点），B 組が**40**（点）だから，**B** 組のほうが大きい。 … **答**

7章

109

テスト直前 最終チェック！ ▶▶▶

■ 四分位数

① データを，中央値を境に前半と後半に分けたとき，前半のデータの中央値を**第1四分位数**，データ全体の中央値を**第2四分位数**，後半のデータの中央値を**第3四分位数**という。

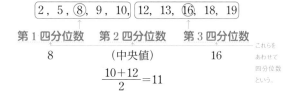

$$2,\ 5,\ ⑧,\ 9,\ 10,\ |\ 12,\ 13,\ ⑯,\ 18,\ 19$$

第1四分位数 　　第2四分位数 　　第3四分位数

8 　　　　（中央値）　　　　16

$$\frac{10+12}{2}=11$$

これらを
あわせて
四分位数
という。

- -

② （四分位範囲）＝（第3四分位数）－（第1四分位数）

上のデータの四分位範囲は，16－8＝ 8

■ 箱ひげ図

④ 四分位数を最小値，最大値とともに図に表したものを**箱ひげ図**という。

＊下の図は，上のデータを箱ひげ図に表したもの。

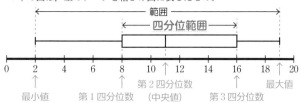

7章　データの活用

ヒストグラムと箱ひげ図

分布が1つの山の形をした**ヒストグラム**になる場合，**箱ひげ図**からおおよその形がわかる。

左右対称な図

散らばりの小さい図

右にかたよった図

左にかたよった図

データの分布

右の図は，A，B，C組（各30人）の生徒の50点満点のテストの得点を表したものである。

この図から，A組は，
・B組より得点が**低い**傾向にある。
・C組と比べて得点の散らばりが**大きい**といえる。

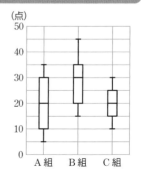

読者アンケートのお願い

本書に関するアンケートにご協力ください。
右のコードか URL からアクセスし、
以下のアンケート番号を入力してご回答ください。
当事業部に届いたものの中から抽選で年間 200 名様に、
「図書カードネットギフト」500 円分をプレゼントいたします。

Webページ https://ieben.gakken.jp/qr/derunavi/

アンケート番号 305534

定期テスト 出るナビ 中2数学 改訂版

本文デザイン　シン デザイン
編集協力　　　株式会社 アポロ企画
図　版　　　　株式会社 明昌堂
DTP　　　　　株式会社 明昌堂